Anthropologie der Bescheidenheit

ROMANIA VIVA 45

Texte und Studien zu Literatur,
Film und Fernsehen der Romania

Hrsg. von

Prof. Dr. Ulrich Prill †
Prof. Dr. Uta Felten
Dr. Anna-Sophia Buck
Prof. Dr. A. Francisco Zurian Hernández

Inge Baxmann

Anthropologie der Bescheidenheit

Wie digitale Medien unser Verhältnis zur Natur verändern

PETER LANG

Bibliografische Information der Deutschen Nationalbibliothek
Die Deutsche Nationalbibliothek verzeichnet diese Publikation
in der Deutschen Nationalbibliografie; detaillierte bibliografische
Daten sind im Internet über http://dnb.d-nb.de abrufbar.

Umschlagsabbildung:
Monira Al Qadiri: Oktopus. In: Julia K. Thiemen (Hg.):
Ausstellungskatalog, Denken wie ein Oktopus.
Oder: Tentakuläres Begreifen, Berlin 2021, S. 58

ISSN 2194-0371
ISBN 978-3-631-88656-4 (Print)
E-ISBN 978-3-631-88669-4 (E-PDF)
E-ISBN 978-3-631-88670-0 (EPUB)
DOI 10.3726/b20064

Peter Lang – Berlin · Bern · Bruxelles · New York ·
Oxford · Warszawa · Wien

Diese Publikation wurde begutachtet.

www.peterlang.com

Inhaltsverzeichnis

Einleitung.
Anthropologie der Bescheidenheit:
ein neues Verhältnis zur Natur 9

Kapitel I. Den Menschen aus nichtmenschlichen Kulturen neu erfinden 15

I.1. Am Ende einer Heldengeschichte 15

I.2. Unerwartete Verwandtschaften 21

I.3. Die Rolle der Ästhetik in der Evolution der Arten .. 26

I.4. Eine Anthropologie der Bescheidenheit beginnt mit den Pflanzen 29

I.4.1. Exkursion in die Welt der Pflanzen 30

I.4.1.1. Wie Pflanzen kommunizieren und interagieren: „neuronale“ Netzwerke 31

I.4.1.2. Die Pflanze als Subjekt 43

Kapitel II. Resilienz am Rande eines Abgrunds: die Plastizität der Natur 45

II.1. Die Kreativität der Natur 45

II.2. Das Abenteuer des Lebens und das Design der Natur 48

II.3. Menschliche Neuroplastizität oder Leben im labilen Gleichgewicht 56

II.3.1. Die Rhythmen des Gehirns 56

II.4. Mimikry und Synchronisation: ein artenübergreifendes Wissen 62

Kapitel III. Imagination von anderen Arten oder ein unverhofftes Wiedersehen mit der entfremdeten Verwandtschaft 69

III.1. Metamorphosen in eine andere Spezies: auf der Suche nach einer verlorenen Beziehung 69

III.2. Das Imaginäre der Pflanzen 74

III.2.1. Der Baum als Vorfahre des Menschen 74

III.3. Die Bedeutung der Sinne für die Imagination anderer Spezies 78

III.3.1. Die Industrialisierung des Ohrs und der Verlust der Stimmen der Natur 78

III.3.2. Ohrenphilosophie und die Beziehung zur Natur: Friedrich Nietzsche 80

III.4. Die Chancen der Technologie 84

III.4.1. Sich in die Lage einer Pflanze versetzen oder wie technische Geräte eine verlorene Beziehung wiederherstellen 84

III.4.2. Der Film entdeckt den Tanz der Pflanzen . 86

III.4.3. Eine neu konfigurierte Sensibilität und ihr Kulturideal: der labile Mensch 88

III.4.4. Von der Beobachtung zur Teilnahme oder die Vorstellungswelt von anderen Arten im digitalen Zeitalter 93

III.4.4.1. Das Flüstern der Bäume 94

III.4.4.2. Eine erweiterte Subjektivität: sich in einen Kaiman oder eine Spinne verwandeln 96

Kapitel IV. Neudenken der Technologie: Lebenstechniken jenseits der Gattungsgrenzen ... 107

IV.1. Die Natur überlisten? Wissenskulturen und die Rolle der Technologie ... 107

IV.1.1. Prometheus in neuer Gestalt: der Mensch als Schöpfer neuer Spezies ... 108

IV.1.2. Probleme der Rettungsökologie: eine Natur nach dem Geschmack des Menschen? ... 114

IV.2. Zurück zum Ursprung: menschliche Technologie als Mimesis der Natur ... 119

IV.2.1. Das technische Wissen der Natur ... 119

IV.2.2. Vom technischen Know-How anderer Spezies lernen ... 121

IV.2.2.1. Biomimesis: Inspirationen aus der technischen Welt nichtmenschlicher Wesen ... 122

IV.2.2.2. Ein moderner Vorläufer: die Biomimesis des Industriezeitalters ... 123

IV.2.3. Biomimesis zwischen Anthropozentrismus und Respekt vor der Natur ... 127

IV.3. Wirtschaftliche und soziale Biomimesis ... 132

IV.3.1. Ein altes Wissen über artenübergreifende Kooperation und Gemeinschaftsmodelle in der Natur ... 132

IV.3.2. Die Natur als Modell für eine neue Wirtschaft ... 138

IV.3.2.1. Ein anderes Zeitregime für postindustrielle Gesellschaften . 138

Epilog ... 147

Bibliographie ... 159

Einleitung. Anthropologie der Bescheidenheit: ein neues Verhältnis zur Natur

Die westliche Anthropologie betrachtete den Menschen lange Zeit als Höhepunkt der Evolution, nicht zuletzt, weil er fähig ist, sich die Ressourcen der Erde, die Pflanzen und Tiere für seine Zwecke dienstbar zu machen und in seinem Sinne zu perfektionieren.

Dieses Menschenbild hat indes in dem Maße an Überzeugungskraft verloren, wie sich die Menschheit als Hauptquelle einer Naturzerstörung erweist, die die Ökosysteme dieses Planeten in immer rasanterem Tempo verwüstet. Artensterben, Kontinente von Plastikmüll in den Ozeanen oder Regenwälder, die in Flammen aufgehen, werfen die Frage auf: wie konnte es eine intelligente Spezies so weit kommen lassen? Die Antwort findet sich in unserer Beziehung zur Natur, die dem Menschen den Status eines allen anderen Gattungen überlegenen Wesens verleiht. Die Trennung des Menschen von der natürlichen Welt war die Voraussetzung für die Entstehung der klassischen Anthropologie.

Das räuberische Verhalten unserer Gattung gegenüber ihren planetaren Mitbewohnern ging einher mit einem Mangel an Neugierde ihnen gegenüber, die unsere Wissenskulturen lange Zeit charakterisierten. Das ändert sich heute, und es sind die neuen Technologien, die diesen Wandel motivieren. Mithilfe digitaler Medien und dank der Errungenschaften der Nanotechnologie können wir uns mit dem reichen und faszinierenden Leben der Pflanzen und Tiere vertraut machen. Einzigartige Bilder und Klänge lassen uns eine Welt entdecken, die für unsere Sinne bislang nicht wahrnehmbar war.

Sie zeigen die erstaunliche Schöpfungskraft der Natur, die uns bezaubert, aber auch eine Kreativität, die der Mensch mit all seinen Technologien nicht kontrollieren kann. Evolution ist ein komplexer, nie abgeschlossener Prozess des Wachstums und der Anpassung, und das gilt für alle Kreaturen. Unsere Vernichtungstechniken gegenüber „Schädlingen“, also dem Menschen unwillkommene Spezies, unterschätzen diese evolutionäre Komplexität. Sie entfalteten häufig erst die Resistenz ihrer Adressaten, so gibt es mittlerweile Käfer, die sich ausschließlich von Korn ernähren oder Mosquitos, die nur in der Londoner Metro existieren.

Die Bio- und Nanotechnologien enthüllen nicht nur die hochentwickelten Lebensweisen anderer Arten, sondern auch unsere Verwandtschaftsgrade mit ihnen. Diese neuen Wahrnehmungen stellen die Grundlagen der westlichen Anthropologie in Frage, mitsamt ihren Bestimmungen des Sozialen und der Kultur. Sie fordern den Menschen auf, sich neu zu erfinden und seinen Platz auf diesem Planeten zu überdenken. Aber welche Art von Anthropologie wäre dafür geeignet? Anstelle des Spezies-Narzissmus, der die westlichen Denktraditionen dominiert, wollen wir die Perspektive wechseln und eine „Anthropologie der Bescheidenheit" vorschlagen. Dieser Ansatz könnte helfen, unsere Beziehungen zu anderen Wesen neu zu gestalten.

In einer Zeit der Selfies und Selbstvermarktung mag es anachronistisch und absurd erscheinen, die Bescheidenheit auszugraben, eine weitgehend vergessene Angewohnheit alter Zivilisationen. In westlichen modernen Gesellschaften ist sie meist in den Bereich der Religion verwiesen oder man verbindet Bescheidenheit mit mangelndem Selbstbewusstsein oder gar Selbstverachtung.[1]

Um die vielfältigen Stimmen der Natur zu hören und neue Wege zu finden, die Welt zu bewohnen, brauchen wir zunächst eine Neugierde gegenüber nichtmenschlichen Lebensformen. Diese Haltung ist der erste Schritt zu einer Anthropologie der Bescheidenheit. Wenn Bescheidenheit eine Bereitschaft ist, den eigenen Wert nicht zu übertreiben, bedeutet das nicht, dass man sich seines Wertes nicht bewusst ist. Es wäre also eine andere Perspektive denkbar, wo demütig oder bescheiden zu sein eine solide Portion an Selbstsicherheit und Selbstbewusstsein erfordert. Ein bescheidener Mensch fühlt sich Anderen nicht unterlegen, sondern er hat lediglich aufgehört, sich für etwas Besseres zu halten.[2]

---

1 Friedrich Nietzsche ist der Wortführer dieser modernen, säkularen Auffassung. Er verband Bescheidenheit mit einer „Wurmmentalität" und der Schwäche derer, die es nötig haben, beherrscht zu werden. Dass die Bescheidenheit traditionell vor allem bei Frauen geschätzt wurde, sagt viel aus über die Machtstrukturen, die damit verbunden waren.

2 Heute werden Bescheidenheit und ihr Gegenstück, die Demut, als Vorteil für Gesellschaften in einer globalisierten Welt wiederentdeckt. „Kulturelle Demut"

Ökologie beinhaltet die Gemeinschaft und Kooperation menschlicher und nichtmenschlicher Kräfte. Anstatt der erste Spielverderber zu sein, der für falsche Noten verantwortlich ist, weil er sich für den Dirigenten hält, sollte der Mensch lernen, seinen Part zu spielen, indem er anderen zuhört und sich mit ihnen synchronisiert. Wir haben die Auswirkungen unserer Technologien auf das Ökosystem so lange vernachlässigt, dass diese Haltung fast schon zur Gewohnheit geworden ist.

Es ist an der Zeit, über dieses Netzwerk, das unser Leben aufrechterhält, nachzudenken. Dementsprechend fragt sich eine Anthropologie der Bescheidenheit, wie der Mensch Teil des Ökosystems ist und wie er zu der großen, artenübergreifenden Gesellschaft beitragen könnte, deren Teil er schon immer war. Bescheidenheit ebnet den Weg für eine Offenheit, die die Grundlage für eine neue Wissenskultur wäre. Ihr Ausgangspunkt ist die gemeinsame Situation der Bewohner des Planeten – Menschen und andere: die Zerbrechlichkeit und Abhängigkeit dieses Ökosystems, der Erde. Eine Anthropologie der Bescheidenheit versucht, unsere Vorstellungen von Subjekt und Gemeinschaft, unsere Idee und Praxis des Wissens neu zu erfinden, und findet ihre Inspirationen in den unterschiedlichsten Bereichen und Epochen. Sie hinterfragt unsere Vorstellungen von Wissen, indem sie die Fähigkeiten anderer Arten hervorhebt, ebenfalls Wissen zu schaffen. In diesem Prozess verschwinden die künstlichen Trennungen, die sie stützen, wie zum Beispiel die zwischen Natur und Technik. Das verändert unser gesamtes Weltbild.

Der erste Schritt zu einer neuen Beziehung zur Natur bestünde folglich darin, die Nabelschau aufzugeben und anzuerkennen, dass die „Anderen" – insbesondere Pflanzen oder Tiere – über einzigartige Talente und Kenntnisse verfügen. Eine solche grundlegende Revolution in unserer Beziehung zur Natur erfordert in der Tat Bescheidenheit und Demut; aber durch die Tücken der Etymologie scheint diese Rückkehr legitim, denn Demut (lateinisch „Humilitas") findet ihre Wurzeln in „Humus" (Erde). Dies führt uns ohne Umwege zu dem, was uns grundlegend mit

wird mit einem Verhalten assoziiert, das Konflikte in einer multikulturellen und von Machtungleichheiten geprägten Welt minimieren und vermeiden kann. Vgl. Worthington Jr./Davis/Hook 2017, S. 91.

den anderen Bewohnern des Planeten verbindet: die Abhängigkeit von der Erde wie die Unsicherheit und Zerbrechlichkeit allen Lebens. Weit entfernt, eine deprimierende Weltsicht zu sein, ermöglicht die Anthropologie der Bescheidenheit Einsichten in die faszinierende Schönheit und Vielfalt unserer Welt und ein Gefühl der Verbundenheit mit jenen Wesen, die uns zugleich nah und doch weitgehend unbekannt sind.

Nutzen wir also die Chance, ungewohnte Erfahrungen zu machen und neue Wege zu beschreiten, denn es gibt kein Zurück: die Egozentrik unserer Spezies hat uns an den Rand der Katastrophe gebracht. Eine Anthropologie der Bescheidenheit wäre ein Beitrag zur Lösung ökologischer Probleme, indem sie eine gemeinsame Zukunft aller Spezies anvisiert. Um dies zu erreichen, werden wir das klassische Verfahren umkehren, das darin besteht, andere Arten nach unseren Maßstäben zu messen. Dieser Anthropozentrismus prägt weitgehend unsere Denkweise wie unsere Gewohnheiten und hat sich tief in unsere Wahrnehmung, unser Fühlen und unser Handeln eingeschrieben. Um uns davon zu befreien, fragen wir uns doch einmal, wie die Welt aussähe, wenn wir sie aus der Perspektive einer anderen Spezies erleben könnten, wenn wir ein Löwe, eine Biene oder eine Blume wären. Was uns heute absurd erscheint, war in animistischen Gesellschaften über Jahrtausende durchaus üblich und gilt für einige indigene Gemeinschaften immer noch.

Eine Anthropologie der Bescheidenheit findet ihre Inspirationen an den unterschiedlichsten Orten und in den verschiedensten Epochen. Diese umfassen sowohl die Beiträge aus der Welt der Wissenschaft wie der Mythen und der Kunst, ihre Quellen liegen ebenso in den indigenen Kulturen wie in den vorindustriellen Gesellschaften, aber auch in der Moderne lassen sich produktive Ideen dafür ausmachen.

Legen wir also den Fokus auf das, was uns mit den nichtmenschlichen Gattungen verbindet, was wir mit ihnen teilen. Dabei kommt uns eine Vorstellungswelt zu Hilfe, die den Menschen seit ewigen Zeiten mit den anderen Wesen des Planeten verbindet: jenes Imaginäre, über das der Mensch seine Trennung von den anderen Gattungen überbrückt. Diese artenübergreifende Vorstellungswelt begleitet uns von jeher und bringt uns die vielfältigen Stimmen der Natur nahe. Sie ermöglicht es, uns mit diesen fremden Mitbewohnern des Planeten zu synchronisieren und neue empathische Beziehungen zu knüpfen, um unsere Welt zu retten.

Im Universum der Anthropologie der Bescheidenheit lösen sich die alten Dualismen zwischen Natur und Kultur ebenso auf wie die zwischen Natur und Technologie. Hier ist der „federlose Zweibeiner“, wie der argentinische Schriftsteller Julio Cortázar den Menschen nannte, herausgefordert sich neu zu erfinden. Wie wir sehen werden, wird es noch viele weitere mögliche Definitionen geben.

Dabei geht es keineswegs darum, die besonderen Fähigkeiten des Menschen abzustreiten, sondern sie in einen neuen Zusammenhang zu stellen. Zum Glück sind wir eine intelligente Spezies, die ihrer Welterfahrung einen Sinn verleiht, indem sie Erzählungen konstruiert, die es nicht nur ermöglichen uns eine Zukunft vorzustellen, sondern auch Wege, sie zu realisieren. Die Anthropologie der Bescheidenheit bietet eine Erzählung über unsere Beziehung zur Natur, die uns wieder in das große Konzert der Wesen einbindet. Mehrere miteinander verwobene Narrationen bilden den Gegenstand der folgenden Kapitel, in denen Fragen und Herausforderungen, Strategien und Inspirationen für ein neues Verhältnis zur Natur in den Blick genommen werden. Zusammen bilden sie die Umrisse einer Anthropologie der Bescheidenheit. Sie ist mehr als eine alternative Anthropologie – sie dient als Schlüsselidee für ein Programm, das unsere Beziehung zur Natur hinterfragt, um Strategien zu finden, die helfen, die aktuellen ökologischen Probleme zu lösen. Ihre Aufgabe besteht darin, den Menschen als Mitglied einer planetaren Gemeinschaft neu zu erfinden, die mehr als nur menschlich ist. In diesem Prozess verändert sich auch unsere Sensibilität. In dem Maße, wie wir den Kontakt zu anderen Spezies verloren haben, verarmte auch unsere Sinneswahrnehmung und damit die Möglichkeit, die vielfältigen Stimmen und Ausdrucksformen der Natur zu vernehmen und zu deuten.

Der Ansatz einer Anthropologie der Bescheidenheit ist ebenfalls bescheiden. In den folgenden Kapiteln werden die neuen Konzepte der Evolution und die Entdeckungen der Kreativität der natürlichen Welt dargestellt. Es werden die Gefahren, aber auch das Potential von Technologien untersucht, uns wieder mit der Natur zu verbinden und so viele Arten wie möglich zu retten.

Treten wir also ein in eine magische Welt ungeahnter Möglichkeiten, eine Welt, in der wir mit Pflanzen und Tieren kommunizieren, dem Flüstern der Bäume zuhören, aber vor allem uns selbst als Menschen neu erfahren.

Kapitel I. Den Menschen aus nichtmenschlichen Kulturen neu erfinden

I.1. Am Ende einer Heldengeschichte

In der westlichen Anthropologie gelten Gesellschaft, Kultur und Geschichte als Attribute, die dem Menschen vorbehalten sind. Schon lange bevor das Konzept der Anthropologie entstand, stützte sich unser Kulturverständnis auf die grundlegende Unterscheidung zwischen der menschlichen Welt und der Welt der Tiere, des Organischen und des Mineralischen. Folglich erscheint in unserer Narration der Evolution die Natur als ein weitgehend passives und geschichtsloses Objekt, dem erst mit dem Auftauchen des Menschen ein qualitativer Sprung widerfährt. Vor allem durch die Erfindung von Werkzeugen, später der Sprache bewies er seine überlegene Intelligenz und erschuf Zivilisation und Kultur. Im Allgemeinen waren die nichtmenschlichen Wesen Teil dieser Gleichung, um die Überlegenheit des Menschen hervorzuheben. Die anderen Gattungen, die angeblich keine Kultur besaßen, wurden tautologisch durch das Fehlen jener Merkmale definiert, die den Homo sapiens auszeichnen. Diese Sicht der Dinge stützt sich auf eine langjährige Denktradition. Die vertikale Scala Naturae des Aristoteles stellt den Menschen an die Spitze, da er den Göttern am nächsten steht, um dann zu den Säugetieren, Vögeln, Fischen, Insekten und schließlich Pflanzen hinabzusteigen, die sich ganz unten auf der Skala befinden.

Auch Platon, der andere Arten nach menschlichen Maßstäben misst, weist den nichtmenschlichen Wesen einen minderwertigen Status in der Weltordnung zu. Selbst die Bibel gibt dem Menschen das Recht, sich die Ressourcen der Erde und die anderen Kreaturen für seine Zwecke anzueignen.

Die alten Bindungen an die Natur zu zerbrechen, galt in den westlichen Zivilisationen als Geburt des Menschen als Subjekt. Es ist daher nicht verwunderlich, dass die Geschichte der Menschheit oft als ein Kampf um die Eroberung und Unterwerfung – oder sogar „Zivilisierung“ – einer wilden

Natur, einschließlich unserer eigenen, erzählt wird. Die westliche Philosophie hat im Laufe ihrer Geschichte ein ständiges Thema: Was macht den Menschen den Tieren überlegen? Von Aristoteles über Descartes bis hin zu Kant versuchte man dabei über Jahrtausende hinweg, den Menschen von anderen Arten abzugrenzen. Dabei galten die Pflanzen als so untergeordnet, dass sie nicht einmal in die Debatte einbezogen wurden. Trotz unterschiedlicher philosophischer Ausrichtungen ging man davon aus, dass Rationalität, Selbstbeherrschung, moralische Werte und Gewissen die Attribute sind, die Würde und Freiheit ermöglichen. Um diese zu erreichen, müsse der Mensch seine Animalität ablegen. In dieser Denktradition bedeutet ein Tier zu sein, ohne Sinn zu leben und nur seinen unmittelbaren Begierden und Instinkten zu folgen. Nebenbei bemerkt: Die Abwertung der Natur, wie auch der Materie im Allgemeinen, die diese Unterscheidung von Mensch und Tier bestimmte, rechtfertigte auch Hierarchien innerhalb der menschlichen Gesellschaften. Denn diejenigen, die als unfähig galten ihre Instinkte zu überwinden, wurden der Kontrolle derjenigen unterworfen, die über die geforderten intellektuellen und moralischen Fähigkeiten verfügen. In der westlichen Geschichte waren es häufig nicht-weiße Rassen – und Frauen –, von denen man glaubte, sie müssten auf diese Weise „regiert“ werden.

Die Vorstellung, die Befreiung von der Natur begründe erst unsere Menschwerdung, ließ unsere Spezies vereinsamen. Denn sie verschärfte die Trennung des Menschen von den anderen Wesen und begünstigte ihre Missachtung und Vernachlässigung, deren Konsequenzen wir heute zu spüren bekommen. Durch diese „Zivilisierung“ der Natur veränderten wir den Planeten mit einer Infrastruktur, die vor allem uns zugute kommt. Durch die Umwandlung der meisten Wiesen in Weiden und Feldfrüchte haben wir den Raum anderer Arten entscheidend verringert. Wir und die Arten, die wir domestiziert haben oder nutzen, bilden nun die überwältigende Mehrheit auf dem Planeten. Von allen Formen des Zusammenlebens, die man in der Natur vorfindet, beruht diejenige des Menschen mit den Pflanzen und Tieren am wenigsten auf Gegenseitigkeit. Heute sind wir mit einem Massenaussterben von Tieren und Pflanzen konfrontiert, das diesmal nicht durch Naturkatastrophen, sondern durch den Menschen verursacht wurde.

Die Kohlenstoffemissionen der modernen Industrie beschleunigten die globale Erwärmung in einem Tempo, das seit den Zeiten der letzten Dinosaurier nicht mehr erreicht wurde. Im Grunde ist fast die gesamte Natur durch den Menschen verändert. Und wir transformieren den Planeten weiter, indem wir sein Klima, seine Bio-Sphäre, seine Topographie bis hin zur chemischen Zusammensetzung und Zirkulation der Patterns der Ozeane modifizieren. Ihr zunehmender Säuregehalt gefährdet den Großteil des Lebens unter Wasser und bringt ganze Ökosysteme durcheinander. Unsere Zerstörung des Planeten kann genauso gut das Ende der Existenz des Homo sapiens bedeuten.[1]

Wissenschaftler haben unseren Eintritt in das Zeitalter des Anthropozäns verkündet, eine neue, vom Menschen bestimmte geologische Phase, in der der Mensch die größte Bedrohung für die Existenz der Erde darstellt. Seit eine Gruppe von Geologen um Paul Crutzen im Jahr 2000 diesen Begriff prägte und damit ein Jahrhundert beschrieb, in dem der Mensch zum Hauptagenten der globalen Ökologie wurde, hat diese Idee Eingang in die kollektive Vorstellungswelt gefunden. Sie ist hilfreich, wenn sie dazu beiträgt unsere Verantwortung für die Zukunft dieses einzigartigen Systems zu übernehmen, das die Entwicklung des Menschen und anderer Arten erst ermöglicht hat. Der Klimawandel wird uns wahrscheinlich noch kaum vorhersehbare Probleme bereiten, wie zum Beispiel Rückkopplungsschleifen im Ökosystem. Dennoch ist eines sicher: Wenn wir weiterhin in die Natur eingreifen, hat das Auswirkungen, die unsere Sozialsysteme auf globaler Ebene auseinanderbrechen lassen. Obwohl die Klimakatastrophen uns alle treffen werden, führt der Klimawandel ein neues Klassensystem ein, das arme Länder viel härter treffen wird als reiche. Die Internationale Organisation der Vereinten Nationen für Migration prognostiziert für das Jahr

1 „Ohne eine Erde und ihre Hülle aus Leben, ohne eine Galaxie, ein Sonnensystem und die unerschöpfliche Energie der Sonne wäre die menschliche Existenz nichts. Ohne unsere Spezies würde die Erde immer noch mit Leben pulsieren und die Sonne würde Licht und Wärme auspumpen, unbehelligt und ungestört. Das ist die Grundlinie des Menschseins: Wir sind völlig abhängig von einer Erde und einem Kosmos, der uns zu einem großen Teil gleichgültig ist." Übers. I.B. (Dies gilt auch für alle nachfolgenden Übersetzungen ins Deutsche, sofern nicht anders gekennzeichnet.) Clark 2011, S. 50.

2050 zweihundert Millionen Klimaflüchtlinge, andere schätzen die Zahl auf eine Billion. Schon jetzt sind wir mit Klimakonflikten konfrontiert, beispielsweise um den Zugang zu Wasser. In der nahen Zukunft werden Kriege wahrscheinlich, wenn die Ressourcen knapp werden, weil das Land durch die Hitze unfruchtbar geworden ist. Pandemien werden sich globalisieren und häufiger auftreten. Das Covid-Virus ist dabei nur der Anfang. Selbst Krankheiten, von denen man glaubte, sie seien für immer besiegt – wie die Cholera –, treten wieder auf. Angesichts einer apokalyptischen Zukunft ist eine fieberhafte Suche nach möglichen Lösungen im Gange, die meist auf die Entwicklung neuer Technologien setzt. Bereits vor über zehn Jahren entwarf der britische Think Tank „Forum for the Future“ Modelle der globalen Zukunft im Jahr 2030. In ihrem Bericht „Climate Futures“ konstatierten die Experten, dass „der Klimawandel die Wirtschaft mindestens genauso hart treffen wird wie die Finanzkrise“.[2] Sie stellten verschiedene Szenarien vor, wie die Menschheit auf die Klimakrise reagieren könnte. Darunter apokalyptische Visionen, in denen Epidemien Millionen von Menschen töten und Klimaflüchtlinge sich bis in die Antarktis retten. Andere, optimistischere Visionen, hoffen auf innovative Geschäftsmodelle, die ökologische Umsicht mit fortschrittlicher Technologie kombinieren.

Eine große Fraktion der Befürworter des Anthropozäns stellt den Menschen weiterhin außerhalb der Natur und geht davon aus, dass es unsere Technologien sind, die die Erde retten werden. Man hofft, dass die ökologischen Probleme ihre Lösung in der Gentechnik und der künstlichen Intelligenz finden. Seitdem IT-Unternehmen das Konzept für sich beansprucht haben, ist die Technologie als Retter des Planeten fast zum archetypischen Mythos des Anthropozäns geworden. Er hat sogar Zukunftsszenarien hervorgebracht, die versuchen, den Menschen aus dem Griff der Natur, einschließlich seiner eigenen, zu befreien. Einst den Superkräften der Götter vorbehalten, versuchen diese Techno-Utopien, sich mittels Gentechnik, regenerativer Medizin und Nanotechnologie von der Natur – vor allem vom organischen Körper – zu befreien. Der Mensch

2 Forum for the Future: „Climate Futures“, in: Spiegel Online, 13.10.2008. Zu ähnlichen Schlussfolgerungen kommt auch der „Intergovernmental Panel on Climate Change“ der Vereinten Nationen von 2022.

würde verbessert – oder durch die Verschmelzung mit Nanotechnologien „aufgerüstet" und wäre in der Lage, die biologische Evolution mithilfe der Gentechnik selbst zu übernehmen. Einige wenige gehen sogar noch weiter. Sie träumen von einem zukünftigen „Cyber-Menschen", der auf dem Weg zur Unsterblichkeit ist. Sie planen, künstliche Augen oder bionische Hände zu implantieren und Nano-Roboter durch unseren Blutkreislauf navigieren zu lassen, die Schäden reparieren. In einer nicht allzu fernen Zukunft würde die Ersetzung neuronaler Netze durch intelligente Software es dem Menschen sogar ermöglichen, sein gesamtes organisches Substrat hinter sich zu lassen.[3] Diese futuristischen Szenarien sehen sogar vor, dass er einen sterbenden Planeten verlässt, um sich auf anderen Planeten niederzulassen, die bislang als für Menschen unbewohnbar galten. Es ist unwahrscheinlich, dass sich diese Visionen bald oder überhaupt realisieren, aber die Entwicklung von Computer-Hirn-Schnittstellen, Nano-Robotern und künstlicher Intelligenz ist in vollem Gange. Was uns an diesen Zukunftsszenarien interessiert, ist die innere Logik, die ihnen zugrunde liegt. Denn hier findet sich die gleiche Logik, die unser Verhältnis zur Natur seit sehr langer Zeit beherrscht: die menschliche Technologie zu nutzen, um die Natur und ihren Zugriff auf uns zu „überlisten". Auch dieses Schema ist nicht neu. Es besteht darin, das zu leugnen, was uns mit Nichtmenschen verbindet: die Zerbrechlichkeit unseres organischen Körpers, die Sterblichkeit und die Abhängigkeit von einem Planeten, der uns erhält. Bisher jedoch bleibt die menschliche Existenz, wie die aller anderen Arten, abhängig von der Erde und dem Sonnensystem, vom Licht und der Wärme der Sonne.

Alles in allem ist unsere Spezies durch ihr Verhalten eine der invasivsten und bedrohlichsten Arten der Tier- und Pflanzenwelt. Das könnte andere Arten zu der Schlussfolgerung veranlassen, dass das Verschwinden dieser zerstörerischen Kreatur – vielleicht durch eine neue menschenfressende Spezies, oder durch einen Virus, der sie dezimiert – durchaus Sinn macht. Es wäre Teil der Evolution, genauso wie das Aussterben von großen Tieren

3 Vgl. Harari 2017, S. 50: „The upgrading of humans into gods may follow any of three paths: biological engineering, cyborg engineering and the engineering of non-organic beings". („Die Aufwertung von Menschen zu Göttern kann einem der drei nachstehenden Wege folgen: biologisches Engineering, Cyborg-Engineering und Engineering anorganischer Wesen.")

wie dem Riesenkänguru, dem Wollmammut oder dem Mylodon robustus – einem Dinosaurier –, die heute nur selten beklagt werden. Im Gegenteil, der Planet mit seiner Vielzahl an Tieren, Pflanzen und Mineralien könnte sich endlich wieder erholen. Dennoch – aus einem Rest an Empathie mit unserer Spezies – sollten wir uns auf die Suche nach anderen Optionen machen. Ein erster Schritt wäre, den Egoismus in Frage zu stellen, der die Geschichte unserer Beziehung zur Natur prägt. Obwohl wir von Billionen anderer Arten umgeben sind, beruhten unsere Vorstellungen über den Menschen in der Regel auf Narzissmus, was uns in die gegenwärtige ökologische Sackgasse geführt hat. Zugegeben, die Zukunft sieht eher düster aus, aber anstatt dem Pessimismus zu verfallen, sollten wir nach einem neuen Ansatz suchen.

Die Geschichte lehrt uns, dass Gefahren oft die Kreativität der Menschen beflügelt haben. Nutzen wir diese Chance, um unsere Wahrnehmung der Natur und unser Verhalten zu ändern. Indem wir aktiv eine artenübergreifende Zukunft gestalten, können wir uns selbst neu erfinden. Wie wäre es, wenn wir, anstatt uns von unserer tierischen (und pflanzlichen) Dimension zu „reinigen“, einfach die Tatsache akzeptieren, dass wir gleichzeitig Tier, Pflanze und Mensch sind? Zweifellos unterscheiden sich die Arten voneinander, aber was wäre, wenn wir uns weniger auf die Unterschiede als auf die Gemeinsamkeiten konzentrierten? Dies könnte uns nicht nur zu faszinierenden Entdeckungen führen, sondern auch zu einer Perspektive verhelfen, die unseren Planeten rettet. Machen wir uns also auf den Weg zu neuen Erfahrungen, brechen wir auf zu einer „Anthropologie der Bescheidenheit“. Dafür können wir auf eine Fähigkeit zählen, die uns bei diesem Unterfangen helfen wird: Wir sind eine Spezies, die nie aufgehört hat, Geschichten zu erfinden, um sich eine mögliche Zukunft vorzustellen und sie an andere Mitglieder unserer Gemeinschaft weiterzugeben. Erzählungen helfen, unsere Welterfahrung zu strukturieren und ihr darüber Sinn zu verleihen. Sie ermöglichen es, aus vergangenen Erfahrungen für unser zukünftiges Verhalten zu lernen. Die Anthropologie der Bescheidenheit ist eine solche Geschichte. Sie hinterfragt die dominanten Narrative der klassischen Anthropologie, die den Menschen auf Kosten anderer Wesen aufwerten. In diesem Prozess entsteht eine neue Erzählung unserer Beziehung zur Natur, die den Menschen im Kontext der anderen Spezies neu entdeckt.

Mehrere miteinander verflochtene Geschichten sind das Thema der folgenden Kapitel. Gemeinsam schmieden sie die Konturen einer Anthropologie der Bescheidenheit. Mehr als eine alternative Anthropologie dient sie als Schlüsselidee für ein Programm, das unsere Beziehung zur Natur hinterfragt, und Strategien aufspürt, die zur Lösung aktueller ökologischer Probleme beitragen. Die große Aufgabe besteht darin, den Menschen als Mitglied einer planetarischen Gemeinschaft aller Arten neu zu erfinden.

I.2. Unerwartete Verwandtschaften

Dieselben Technologien, die einen neuen Grad der Instrumentalisierung der Natur ermöglichen, zwingen uns heute dazu, den Exklusivitätsstatus, den der Mensch sich selbst immer zugestanden hat, in Frage zu stellen. Dies ist zum großen Teil auf die Entwicklung der Biotechnologie und der Nanotechnologie zurückzuführen. Letztere lassen uns sehen und hören, was unseren unmittelbaren Sinnen verborgen bleibt. Elektronenmikroskope, die mehr als eine Million Mal vergrößern können, offenbaren Prozesse, die entweder weit unter oder sogar weit über den für die menschlichen Sinne wahrnehmbaren Skalen stattfinden, sowohl auf der Ebene der Zellbiologie wie ganzer Ökologien. Die Magnetresonanztomographie und die Positronenemissionstomographie ermöglichen die Beobachtung nie zuvor wahrnehmbarer räumlicher und chemischer Dynamiken in der Struktur auf der Ebene von Atomen, Zellen und Organismen. Sie enthüllen, dass die Welt um uns herum von einer immensen Vielfalt an Mikroorganismen bevölkert ist, und bieten einen privilegierten Zugang zur Struktur und Komplexität ihrer Netzwerke. Die digitale Analyse mithilfe von generativen Algorithmen zeigt uns die komplexen energetischen Vorgänge, die in der einfachsten zellulären Einheit am Werk sind. Mit der Molekularbiologie und Genomik steht die Anthropologie einer neuen Ordnung des Lebendigen gegenüber. Seit Darwin wurden drei Hauptkräfte der Evolution identifiziert: die natürliche Selektion, die genetische Drift und der Genfluss. Die „molekulare Phylogenetik" zeigt, dass Gene manchmal von einer Gattung auf eine ganz andere überspringen können. Die Äste des darwinistischen Baums sind nicht getrennt, sondern miteinander verflochten, wobei Organismen, die verschiedenen Ästen angehören, Gene von einem auf den anderen übertragen. Der vertikale Gentransfer, der zwischen Eltern und

Nachkommen charakteristisch ist, beinhaltet genetische Veränderungen über Hunderte und manchmal Tausende von Generationen. Der horizontale Gentransfer zwischen verschiedenen Arten – der in der Evolution weit verbreitet ist – kann jedoch viel schneller große Veränderungen bewirken. Dieser horizontale Gentransfer schafft eine Art Netzwerk von Arten, die, wie sich herausstellt, viel enger miteinander verbunden sind als bisher angenommen.[4] Im Zusammenhang mit den Entdeckungen des Human-Mikrobiom-Projekt entstehen dann neue Definitionen des Menschen, die die klassische Anthropologie herausfordern, indem sie ihn als ein Wesen mit mehreren Arten bezeichnet.

> [...] a human being is an ecosystem, a fuzzy set like a meadow, or the biosphere, a climate, a [...] DNA strand.[5]

Wir teilen DNA nicht nur mit Tieren, sondern auch mit Pflanzen und sogar mit Mikroben: Es gibt Tierisches, Pflanzliches und sogar Mikroben in der menschlichen Natur. Jeder menschliche Körper enthält unzählige Zellen anderer Arten. Tatsächlich wären wir nicht mehr die linearen Nachkommen früherer Generationen von Humanoiden, Anthropoiden, Säugetieren, Tieren usw., sondern Hybride aus winzigen mikrobiotischen Freunden und Feinden.[6] Zu akzeptieren, dass wir Wesen sind, die Elemente anderer Arten besitzen, und dass wir dementsprechend viel „chimärischer" sind, als wir dachten, macht der Vorstellung von der Dominanz des Menschen

---

4 Vgl. Quammen 2018, S. 317: „[...] since the microbiome has entered our cultural vernacular language, it makes a good starting point toward something else, something more fundamental and tricky: a new appreciation of the composite nature of human identity." („Seit das Mikrobiom in unsere kulturelle Umgangssprache eingedrungen ist, ist es ein guter Ausgangspunkt für etwas anderes, etwas Grundlegenderes und Kniffligeres: eine neue Wertschätzung der hybriden Natur menschlicher Identität.")

5 Ebd., S. 203ff.

6 So entstehen neue Definitionen des Menschen als „homo microbis": „The traces of relic viruses and companion microbes have twined into human genomes, cells and selves, with microorganic inheritances from many different stages of evolutionary history surviving and thriving in human blood and guts. The Human Microbiome Project, inaugurated in 2008 summarizes it this way: 'Within the body of a healthy adult, microbial cells are estimated to outnumber human cells ten to one'." Zit. in: Heimreich 2016, S. 62.

über die Nichtmenschen ein Ende. Es entsteht eine neue Demarkation des Lebens, bei der sich das, was bisher „außerhalb“ der menschlichen Sphäre angesiedelt war, wie Pflanzen und Tiere, sich plötzlich „innerhalb“ befindet, Teil einer Kontinuität des Lebendigen. Im Gegensatz zu einem im westlichen Denken fest verankerten Identitätsbegriff stellt dies die Art und Weise in Frage, wie wir die Evolution immer erzählt haben, deren Gründungsmythos die Prämisse genetischer Einheit und Verwandtschaft war. Im Gegensatz zu dieser Erzählung ist die Evolution nicht linear, sondern besteht aus vielen Verzweigungen, auftauchenden oder nicht realisierten Möglichkeiten. Die Arten sind also nicht so voneinander getrennt, wie es der von Charles Darwin entworfene Baum des Lebens suggerierte. Eines steht fest: Was uns von Nichtmenschen unterscheidet, ist nicht mehr ein grundlegender Unterschied, sondern vielmehr ein Unterschied der Stufen innerhalb einer Kette des Lebens. Angesichts der aktuellen Entdeckungen löst sich die westliche Vorstellung vom Menschen auf und wir erfahren, wie die Evolution und die Lebenswege des Menschen mit denen anderer Arten verflochten sind. Mehr als mit einer Skala haben wir es mit einer Vielzahl von Wahrnehmungen und Kognitionen zu tun, mit unerwarteten und faszinierenden Höhepunkten. Andere Wesen sind auch Akteure in der Evolution ihrer eigenen Art. Paläontologen haben zum Beispiel gerade entdeckt, dass ein 500 Millionen Jahre alter Seewurm eine andere Form der Kognition zeigt. Er baute eine Röhre zu seinem Schutz. Der Wurm – der als „Oesia“ bezeichnet wird – lebte in dieser Röhre, die doppelt so groß war wie er selbst. Die Verwendung von Werkzeugen zum Bau eines Lebensraums scheint nicht mehr ausschließlich dem Menschen vorbehalten zu sein. Wissenschaftler sehen darin eine neue Erzählung der Evolution, die den Menschen mit Seesternen und Würmern verbindet.[7]

Selbst die Entwicklung des Bewusstseins beginnt nicht erst mit den Menschen. In seinem Buch *Other Minds. The Octopus, the Sea, and the Deep Origins of Consciousness* verfolgt Peter Godfrey-Smith eine neue Erzählung der Geschichte des Bewusstseins, dass er zurückverfolgt bis zu seinem Ursprung im Ozean.[8] Alles beginnt mit Bakterien und der

---

7 Siehe De St. Fleur 2016.
8 Godfrey-Smith 2016.

erstaunlichen Komplexität ihrer Reaktionen auf Veränderungen des Milieus. Später entwickelten mehrzellige, gallertartige Tiere Neuronen. Dies geht weiter mit den Kopffüßlern: schon hier manifestierte sich eine Intelligenz, die sich von der unseren unterscheidet. Godfrey-Smith versucht sich in den Geist eines Kraken hineinzuversetzen. Deren Anzahl von Neuronen ist mit Säugetieren vergleichbar, aber sie sind über die gesamte Körperoberfläche verteilt. Anstatt in einem Zentralgehirn ist das Gehirn der Kraken – ebenso wie ihr Gedächtnis – vor allem in den Armen lokalisiert. Diese Arme unterscheiden sich gar nicht so sehr von unseren, wie neuere Forschungen gezeigt haben: Die Gliedmaßen von Menschen und Kraken (ebenso wie die von Tintenfischen und Kalmaren) entwickeln sich unter der Leitung desselben Gens.[9] Die acht Tentakel der Kraken sind tatsächlich Arme, die aus einer beweglichen Komposition zusammengerollter Muskelfasern bestehen. Die Evolution hat das gleiche genetische Programm immer und immer wieder verwendet.

Das erklärt, warum Tintenfische so gut darin sind, eine Konservendose mit ihren Tentakeln zu öffnen. Sie sind auch hervorragend in der Tarnung und können in ihrem eigenen Morsecode kommunizieren. Aber sie halten noch weitere Überraschungen für uns bereit: Am erstaunlichsten sind ihre Geselligkeit und ihre Fähigkeit, menschliche Gesichter zu erkennen. Sie sind in der Lage zu kategorisieren. Sie unterscheiden zwischen Menschen, die ihnen sympathisch sind, und solchen, die es nicht sind. Godfrey-Smith, der nicht nur Forscher, sondern auch ein begeisterter Taucher ist, erzählt in seinem Buch, wie ihn ein Tintenfisch, dem er offenbar sehr sympathisch war, an die Hand nahm und zu seiner Höhle führte.

Der Tintenfisch ist nur ein Beispiel von vielen: Wir stehen an der Schwelle zur Neukonfiguration eines Wissensmodells, das lange Zeit die Grundlage unserer Kultur gebildet hat und der Definition dessen, was es bedeutet, ein Mensch zu sein.

Anstatt Intelligenz auf ein Gehirn und abstraktes Denken zu beschränken, müssen wir anerkennen, dass es tatsächlich Intelligenz gibt, die nicht

---

9 Laut einer Studie von Dr. Martin Cohn (einem Evolutionsbiologen an der Universität von Florida), die im Juni 2019 in der Zeitschrift „eLife“ veröffentlicht wurde. Zit. in: Zimmer 2019a.

in einem einzigen Organ zentralisiert, sondern verteilt ist. – Bei Kraken befindet sie sich in den Armen, während sie bei Pflanzen vor allem in den Wurzeln lokalisiert ist, die Informationen aus der Umwelt sammeln und auswerten, um koordiniert darauf zu reagieren.

Dementsprechend wäre es vielleicht an der Zeit, anzuerkennen, dass jedes Wesen seine eigene Kognition besitzt, die an seine spezifischen Sinne, seine Umwelt und seine evolutionäre Geschichte angepasst ist. So macht es nicht viel Sinn, unsere Kognition mit einer zu vergleichen, die auf acht Arme verteilt ist, welche sich unabhängig voneinander bewegen und jeweils ihre eigene neuronale Versorgung besitzen. Dies gilt auch für die Kognition von Fledermäusen, die einem fliegenden Organismus ermöglicht, seine bewegliche Beute mithilfe der Echos seiner eigenen Rufe zu fangen. Das gesamte Wissensgebäude der westlichen Kultur wird porös, jetzt, da eine Unterscheidung, die die Identität des Menschen immer definiert hat, nicht mehr haltbar ist.

Wenn man Intelligenz als die Fähigkeit definiert, optimal auf die Herausforderungen seiner Umwelt zu reagieren, oder als die Fähigkeit, Probleme zu lösen, verschwimmen die Grenzen zwischen Mensch, Tier und Pflanze. Jede Lebensform setzt eine Intelligenz voraus, die ihrer Umwelt angemessen ist. Sie ist abhängig von der Antwort auf eine entscheidende Frage: Sind sie in der Lage auf optimale Weise auf die Herausforderungen ihrer Umwelt zu reagieren und die adäquaten Mittel zu finden, um ihre Ziele zu erreichen? Das wäre ein Zeichen von Intelligenz, und die nichtmenschlichen Gattungen haben sie seit Urzeiten unter Beweis gestellt. Wenn wir ein Konzept von Intelligenz und Wissen annehmen, das die anthropozentrische Perspektive überwindet, finden wir bei Tieren oder Pflanzen reichlich Beispiele für Kreativität und komplexe, ausgefeilte Techniken.

> We are beginning to allow that non-humans have minds.[10]

Die Evolution des Bewusstseins mit Wahrnehmungen, Handlungen und einem komplexen Gedächtnis bis hin zu Emotionen entstand in ständiger Wechselwirkung mit einem Milieu. Es gibt mehr Kontinuität als Brüche von den Kraken bis zu den menschlichen Wirbeltieren, deren Entwicklung

---

10 Morton 2016, S. 28.

im Einklang mit ihrer Umwelt einem anderen Weg folgte. Wir sind es nicht gewohnt, Kraken Intelligenz und Geselligkeit zuzuschreiben, geschweige denn Pflanzen. Dennoch sind diese Eigenschaften nicht mehr nur den Menschen vorbehalten, und die Vorstellung zu akzeptieren, dass Tiere und sogar Pflanzen intelligente und soziale Wesen sind, beginnt sich durchzusetzen.

Manche Nichtmenschen ähneln uns aber auch in anderer Hinsicht: wie wir, wissen sie die Schönheit zu schätzen.

I.3. Die Rolle der Ästhetik in der Evolution der Arten

Die Evolutionsgeschichte ist weit mehr als nur ein Prozess der Anpassung mittels natürlicher Selektion. Die Rolle der Sinnlichkeit für die Entwicklung der anderen Gattungen zu verkennen, gehört zu einem anthropozentrischen Weltbild, und so sind wir gewohnt, die Wertschätzung von Schönheit und Ästhetik dem Menschen vorzubehalten. Einer der ersten, der das in Frage stellte, war Charles Darwin, obwohl er von seiner Entdeckung wenig begeistert war, weil sie seine eigene Theorie in Frage stellte, die er in seinem Buch *Origin of species* vertreten hatte.

„The sight of a feather in a peacock's tail, whenever I gaze at it, makes me sick!"[11] (Der Anblick einer Feder im Schwanz eines Pfaus, jedes Mal, wenn ich ihn betrachte, macht mich krank!), schrieb er. Was dem berühmten Evolutionstheoretiker beim Anblick des aufwendigen Designs dieser Feder ein solches Unbehagen bereitete, war die Tatsache, dass es zum Überleben dieses Tieres absolut nichts beiträgt. Bei Pflanzen und Tieren wurde die Entstehung von Schönheit stets entweder – im Fall von Blumen – durch die Anziehung von Bestäubern oder – bei Tieren – durch Vorteile bei der Partnerwahl erklärt, da sie auf Vitalität, Gesundheit oder gute Gene hinweisen. Aber Charles Darwin erkannte bereits, dass der Vorteil von Schönheit im Fortpflanzungswettbewerb nicht erklärt, warum viele Arten soviel Energie auf die Entwicklung ästhetischer Merkmale aufwenden, die oftmals ihre Überlebenschancen einschränkt.[12] Warum sollten sie ihre Kräfte für die Produktion von Schönheit verschwenden, wenn sie dadurch nicht mehr so

---

11 Charles Darwin in *The Descent of Man*, zit. in: Prum 2017, S. 18.
12 Vgl. Prum 2017, S. 129.

gut in der Lage sind, einem Raubtier zu entkommen oder schnell Nahrung zu finden? Selbst wenn die Entwicklung von Federn und atemberaubenden Farben – wie z.B. bei einigen Vögeln – mit dem Anlocken eines Partners zusammenhängt, beinhaltet sie doch vielfältigere und individuellere Präferenzen, als wir vermuten. Schon Darwin wunderte sich über die, wie er es nannte, „unabhängigen Schönheitsstandards", die man bei Individuen anderer Arten findet.[13] Er stellte fest, dass die Tiere Schönheit um ihrer selbst willen zu schätzen wussten und weiterentwickelten. Sie wurden also zu Akteuren in der Evolution ihrer eigenen Art. Eine ästhetische Perspektive auf die Welt wurde meist den Menschen vorbehalten, aber ästhetisches Vergnügen scheint ein Phänomen zu sein, das wir bis zu einem gewissen Grad mit anderen Arten teilen.[14] Die natürliche Selektion ist nicht mehr ausschließlich Ergebnis äußerer Kräfte wie ökologische Konkurrenz, Beutestatus, Klima usw., denen die Arten ausgesetzt sind. Häufig zeigen nichtmenschliche Wesen individuelle Vorlieben und bringen so durch sexuelle und soziale Entscheidungen ästhetische Phänomene hervor, die eher einer „evolutionary fashion" ähneln.[15] Und zu dieser Mode gehören auch die

---

13 Charles Darwin, zit. in: Prum 2017, S. 10.

14 Vgl. Prum 2017, S. 556: „Once we understand that all art is the result of a coevolutionary historical process between audience and artist – a coevolutionary dance between display and desire, expression and taste – we must expand our conception of what art is and can be. We cannot define art by the objective qualities of an artwork nor by any special qualities of observer experience (that is, art is not merely in the eyes of the beholder). Being an artwork means being the product of a historical process of aesthetic coevolution. In other words, art is a form of communication that coevolves with its own evaluation." („Sobald wir verstehen, dass alle Kunst das Ergebnis eines koevolutionären historischen Prozesses zwischen Publikum und Künstler ist, ein koevolutionärer Tanz zwischen Anzeige und Wunsch, Ausdruck und Geschmack, müssen wir unsere Vorstellung davon, was Kunst ist und sein kann, erweitern. Wir können Kunst nicht durch die objektiven Qualitäten eines Kunstwerks oder durch besondere Qualitäten der Erfahrung des Betrachters definieren (d.h. Kunst liegt nicht nur in den Augen des Betrachters). Ein Kunstwerk zu sein bedeutet, das Produkt eines historischen Prozesses der ästhetischen Koevolution zu sein. Mit anderen Worten: Kunst ist eine Form der Kommunikation, die mit ihrer eigenen Bewertung übereinstimmt.")

15 Ebd., S. 40.

oft aufwendigen und extrem anstrengenden Tänze und Gesänge, die bei Werberitualen aufgeführt werden.

Nehmen wir zum Beispiel den Laubenvogel. Um ein Weibchen davon zu überzeugen, mit ihm eine Familie zu gründen, dekoriert dieser Vogel sein Nest mit knallbunten Gegenständen, wobei er alles verwendet, was er finden kann: von Federn über Blumen und Schneckenhäuser bis zu bunten Flaschenverschlüssen, wenn er in der Nähe städtischer Regionen lebt. (Abb. 1) Damit ist es noch nicht genug: manchmal verteilt er diese Objekte von klein nach groß und bildet dabei Übergänge, die sein Haus größer erscheinen lassen, als es ist. Oder er ordnet seine Besitztümer entsprechend ihren Farben oder Ähnlichkeiten an.

Abb. 1: Männlicher Laubenvogel (Ptilonorhynchus violaceus) baut eine Allee und dekoriert den Eingang mit blauen Objekten, die er in der Umgebung fand. Foto von Tim Laman, in: Prum 2017

In der Tierwelt hat sich durch das Begehren und die Kommunikation zwischen den Geschlechtern ein unglaublich vielfältiges und ausgefeiltes Repertoire an ästhetischen Ornamenten entwickelt, das weit davon entfernt ist, rein funktional zu sein. Ganz im Gegenteil: Es scheint, dass andere Arten die Schönheit um ihrer selbst willen zu schätzen wissen. Sogar die

Vorlieben können sich je nach individuellem Geschmack unterscheiden. Dass auch das ästhetische Vergnügen ein Merkmal ist, das über die Grenzen der Arten hinweg geteilt wird, mahnt uns zur Bescheidenheit. Dabei geht es keineswegs darum, die besonderen Fähigkeiten des Menschen zu leugnen, sondern sie in den Kontext unserer koevolutionären Entwicklung und der gemeinsamen Wandlungsfähigkeit aller Arten einzuordnen.

Um ein anthropozentrisches Verhältnis zur Natur aufzulösen, müssen wir die Weise ändern, wie wir unsere Sinne benutzen. Dabei geht es vor allem um die Wahrnehmungs*gewohnheiten*, die das sensorische Fundament unserer Kultur bilden.

Vielleicht wäre die Situation anders, wenn wir uns nicht gefragt hätten „Was ist es, ein Mensch zu sein?“, sondern „Was wäre es, ein Löwe, eine Biene oder sogar eine Blume zu sein?“ Wenn uns eine solche Frage seltsam erscheint, sollten wir uns daran erinnern, dass eine solche Herangehensweise über Jahrtausende selbstverständlicher Bestandteil der Kooperation des Menschen mit Tieren und Pflanzen war. Sie ist auch heute noch charakteristisch für viele indigene Gesellschaften. Die Fähigkeiten von Pflanzen zu würdigen, die in westlichen Kulturen weitgehend unterschätzt werden, gehört dazu.

I.4. Eine Anthropologie der Bescheidenheit beginnt mit den Pflanzen

Die Völker alter und indigener Kulturen wussten sehr wohl, dass jede Evolution eine Koevolution ist, die die Entwicklung all derer beeinflusst, die miteinander interagieren. Für sie war das menschliche Leben durch vielfältige und komplexe Vernetzungen und Austauschbeziehungen mit Tieren, Pflanzen, ihren Ökosystemen und Techniken geformt. Die komplexen Lebenstechniken, Kommunikationsformen und Interaktionen, die wir bei Tieren und sogar bei Pflanzen vorfinden (sowohl „innerhalb“ als auch „zwischen“ den Arten), problematisieren eine Denkweise, die daran gewöhnt ist, intelligentes Verhalten nur dort zu finden, wo es unserem eigenen ähnelt. Vieles von dem, was bisher als rein menschlich galt, stellt sich derzeit als Merkmale heraus, die wir mit anderen Arten teilen. Dank der Fortschritte in der vergleichenden Genomik, die ein besseres Verständnis der Verhaltensökologie ermöglichen, werden immer neue Analogien zwischen dem Menschen und anderen Arten gefunden. Selbst über die Persönlichkeit einer Kakerlake oder die Stimmung eines Murmeltiers zu sprechen, wird wissenschaftlich zulässig. Aber um unsere Beziehung zur Natur aus einer Perspektive zu hinterfragen, die man als „Anthropologie der Bescheidenheit" bezeichnen könnte, ist nichts effektiver, als vor allem die Pflanzen als Paradigma zu nehmen. Obwohl sie die Grundlage für unser Überleben bilden, scheinen Pflanzen am weitesten von unserer Lebensform, unseren Wahrnehmungen, kurz gesagt, von unserer Art, in der Welt zu sein, entfernt zu sein. Wir könnten uns allenfalls mit einem Bären oder Pinguin identifizieren, aber Pflanzen wecken – außer bei einigen überzeugten Botanikern oder Gärtnern – kaum das Bedürfnis nach Nähe zu einem Wesen einer anderen Spezies. Der anthropologische Projektionsmechanismus versagt also weitgehend, wenn es um Pflanzen geht. Daher eignen sie sich hervorragend, um unsere anthropozentrischen Gewohnheiten aufzulösen. So wie Tiere unterschätzt wurden, weil sie immer mit Menschen und ihrer Intelligenz verglichen wurden, wurden Pflanzen immer mit Tieren verglichen – und für minderwertig befunden. Der Anthropozentrismus geht also mit einem „Zoo-Zentrismus" einher, der die Fähigkeiten der Pflanzenwelt übersieht. Ohne die unüberwindbare Alterität zu leugnen, die Pflanzen für uns darstellen, kann der Vergleich von Pflanzen mit Menschen als Ausgangspunkt dienen, um die Beziehungen, die wir zur Natur unterhalten, neu zu hinterfragen. Im Übrigen machen Pflanzen die große Mehrheit der Lebewesen aus, wobei die pflanzliche Biomasse etwa tausendmal größer ist als die tierische Biomasse. Gäbe es keine blühenden Pflanzen, würden die Menschen nicht existieren. In Form von Mais, Reis, Weizen und anderen Körnern liefert das Endosperm über 70 Prozent der Kalorien, die jährlich weltweit verbraucht werden. Vor allem aber scheinen diese unterschätzten Wesen viel komplexer zu sein, als wir bisher immer angenommen haben. Versuchen wir also, uns aus dieser anthropozentrischen Perspektive zu lösen und uns – zumindest imaginär – in die Lage der Pflanzen zu versetzen.

I.4.1. Exkursion in die Welt der Pflanzen

Ich möchte Ihnen einen Ausflug in die Welt der Pflanzen vorschlagen: Was bedeutet es, zu fühlen, wahrzunehmen und zu kommunizieren für ein

Wesen, mit dem wir einerseits Gene teilen, das aber andererseits zu den Arten gehört, die uns am fernsten erscheinen? Beginnen wir zunächst mit den biologischen Merkmalen, die uns mit ihnen verbinden. Die Nähe von Menschen und Pflanzen zeigt sich nicht nur in den vielen Merkmalen, die sie in ihren jeweiligen Genomen teilen, sondern reicht bis ins Innere der Zellen. Menschen teilen mit Pflanzen wichtige Merkmale und beide verfügen über die Zellatmung. Sogar die Art und Weise, wie Nahrung aufgenommen wird, ist ähnlich: Wie fruchtbarer Boden enthält der menschliche Darm Bakterien und Fungi, die Substanzen auflösen, um daraus Nahrung zu extrahieren. Und – wie wir gleich sehen werden – Pflanzen und Menschen besitzen sogar erstaunliche Ähnlichkeiten, wenn sie eine Berührung spüren. Sie reagieren auf vergleichbare Weise auf die Schwerkraft. Beide verlassen sich auf Sensoren, die sie über ihre Position und ihr Gleichgewicht informieren. Doch damit hören die Ähnlichkeiten auf und es sind die Unterschiede, die unser Verständnis dieser Wesen erschweren.

I.4.1.1. Wie Pflanzen kommunizieren und interagieren: „neuronale“ Netzwerke

Die „Neurophysiologie“ der Pflanzen und die „Pflanzen-Neurobiologie“ haben sich zu einer wissenschaftlichen Disziplin entwickelt.[16] Sie untersuchen, wie Pflanzen Informationen aufnehmen, archivieren, verteilen und weiterverarbeiten, um in verschiedenen Situationen über das richtige Verhalten zu entscheiden. Da sie nicht wie der Mensch über Neuronen verfügen, haben Pflanzen andere Arten von Zellen, die Netzwerke bilden, um Informationen zu verarbeiten und entsprechend zu reagieren. Pflanzen kommunizieren und interagieren nicht nur durch Geräusche, Gerüche und Bewegungen. Sie sind auch in der Lage, Informationen zu klassifizieren und passende Antworten darauf zu finden. Da Pflanzen ihre Umgebung nicht auswählen oder verändern können, haben sie riesige, hochentwickelte Netzwerke entwickelt, um Informationen auszutauschen und sich

16 Die Pflanzen-Neurobiologie untersucht die Informationsnetzwerke in Pflanzen und stellt Parallelen zwischen der Anatomie und Physiologie der Pflanzen und den neuronalen Netzen bei Tieren und Menschen fest. Siehe: Chamovitz 2013/2012, S. 168. Siehe auch: Mancuso/Viola 2015/2013.

gegenseitig zu helfen. Obwohl von Natur ein nicht-einheitlicher und dezentraler Organismus, bauen Pflanzen trotzdem aktiv Beziehungen zu anderen Pflanzen, Tieren und Menschen auf, um ihre Entwicklung und ihr Überleben zu sichern. Dazu greifen sie auf sensorische Reize aus der Umwelt zurück, wie beispielsweise elektrische und magnetische Felder oder chemische Signale. Im Vergleich dazu erscheinen die menschlichen Sinne eher begrenzt.[17]

Die Neurobiologie der Pflanzen geht davon aus, dass sie einen spezifischen Gewebetyp namens „Meristem" besitzen, der mit der Struktur der neuronalen Netzwerke des Menschen vergleichbar ist. Es ist in den Wurzel- und Sprossspitzen lokalisiert und mit den Gefäßsträngen verbunden. Das Meristem ermöglicht eine komplexe molekulare und elektrische Signalisierung. Das System, das die Integration von Informationen bewerkstelligt, befindet sich vor allem in den Wurzeln. Sie kommunizieren über chemische Signale sowohl unter der Erde als auch mit den Pflanzenteilen, die sich über dem Boden befinden. Je nach den Umständen wandeln sie den Phänotyp in Wachstum und in die Entwicklung ihrer Organe um.[18] Um die Informationen, die sie erhalten, zu organisieren und zu integrieren – damit sie für die Pflanzen „Sinn machen" –, besitzen sie ein paralleles System, das diese Integration bewerkstelligt. Dieses verteilte meristematische Gewebe entspricht Tausenden von menschlichen Gehirneinheiten.[19] So erkennen Bäume ihre Verwandten durch chemische Signale und reduzieren sogar das Wachstum ihrer Wurzeln, um Platz für andere Familienmitglieder zu schaffen.

Die plastische Intelligenz der Pflanzen manifestiert sich in einem Bewusstsein von ihrer Umwelt. Forscher wiesen nach, dass sich Wurzeln ähnlich wie Wolken[20] organisieren und Bäume miteinander verbinden, die über dreißig Meter voneinander entfernt stehen. Bäume können sich sogar zu 80.000 Jahre alten Superorganismen klonen. Ähnlich wie andere Pflanzen funktionieren sie nach einem Prinzip, das uns postmodern erscheint: Wie

17 Siehe Desalle 2018, S. 66ff.
18 Vgl. Trewavas 2002, S. 841, zit. in: Hall 2011, S. 143.
19 Vgl. Baluska/Mancuso/Volkmann 2006, zit. in: Hall 2011, S. 147.
20 Siehe Mancuso/Viola 2015, S. 77.

das Internet sind sie in Netzwerken organisiert.[21] Ein deutscher Förster beschrieb das soziale Leben der Bäume als Modell einer idealen Gemeinschaft.[22] Er erklärte im Detail, wie Bäume durch elektrische Signale kommunizieren, die über das sogenannte „wood-wide-web", ein Netzwerk von Fungi, gesendet werden.[23] Dieses unterirdische Wurzelnetz bilde ein soziales Relais, das es den Bäumen ermögliche, Ressourcen zu teilen und sogar einen kranken „Freund" zu ernähren. Ihr kommunitäres Verhalten bezieht zuweilen sogar Pflanzen ein, die nicht zu ihrer Familie gehören. Die Vorstellung, dass Bäume soziale Wesen sind, bildet den Knotenpunkt einer neuen, populären Vorstellung von Pflanzen. Ihr soziales Verhalten ist nur ein Beispiel von vielen, das zeigt, dass in der Evolutionsgeschichte Konkurrenz und Kooperation Hand in Hand gehen und dass altruistisches Verhalten nicht nur dem Menschen vorbehalten ist.

In der sensorischen Welt der Pflanzen spielt der Geruchssinn eine herausragende Rolle. Das Riechen oder sogar „Schnüffeln" von Wesen und Räumen bildet eine Orientierung und Kommunikation, die wir mit Tieren und Pflanzen teilen. Dennoch sind wir im Vergleich zu den Pflanzen in der Wahrnehmung dieses urtümlichen Kommunikationssystems eher unterentwickelt. Der Geruch ist „die Sprache" der Pflanzen, ihr Vokabular. Millionen von chemischen Kombinationen bilden die Zeichen einer Pflanzensprache, die wir bislang kaum verstehen. Das Einzige, was wir mit Sicherheit wissen, ist, dass jede Kombination eine bestimmte Information kommuniziert, z.B. vor einer drohenden Gefahr warnt oder sogar Zuneigung oder Abneigung ausdrückt.[24] Pflanzen können „um Hilfe schreien"

---

21 Um dies herauszufinden, musste man zunächst die von Linné im 18. Jahrhundert aufgestellte Klassifikation der Pflanzen aufgeben, die die Pflanzenforschung bis in die 80er Jahre des zwanzigsten Jahrhunderts dominierte. Linné beschrieb und klassifizierte die Pflanzen nach ihren Blüten und Früchten und vernachlässigte dabei den unterirdischen Teil und die komplexen, miteinander verwobenen Verflechtungen des Ökosystems Wald.

22 Siehe Wohlleben 2015.

23 Dieses Web aus Fungi, das dazu dient, nicht nur die Welt der Pflanzen, sondern auch die des Menschen zu erhalten, ist inzwischen zu einem neuen Forschungsthema geworden. Die aktuelle Forschung geht davon aus, dass sie eher denen von Tieren als von Pflanzen ähnlich sind. Siehe: Sheldrake 2020.

24 Siehe Mancuso/Viola, 2015, S. 57.

oder andere Pflanzen warnen, wenn es einen Fressfeind gibt (wie z.B. ein blattfressendes Insekt). So senden Tomaten BVOC-Moleküle aus, wenn sie von Pflanzenfressern angegriffen werden, und warnen darüber Pflanzen, die bis zu über hundert Meter entfernt sind. Pflanzen registrieren auch den Duft ihrer Nachbarn. Wie wir Menschen reagieren sie auf Pheromone. Während bei uns die Nase das einzige Organ für die Wahrnehmung von Gerüchen ist, haben Pflanzen überall, von den Blättern bis zu den Wurzeln, Geruchsrezeptoren. Darüber hinaus senden, empfangen und entschlüsseln sie chemische Signale, die über die Luft transportiert werden. Dass Pflanzen fähig sind, sich zu erinnern und Informationen zu entschlüsseln, erweist sich, wenn sie eine vorübergehende Substanz in der Luft wahrnehmen und dieses Signal in eine physiologische Reaktion umwandeln.[25] Dies ermöglicht eine komplexe Kommunikation nicht nur mit ihren Artgenossen, sondern auch mit anderen Arten. Die Bedürfnisse und Wünsche anderer Arten zu erfüllen – durch Düfte, schöne Farben oder attraktive Formen – ist eine effektive evolutionäre Strategie.[26] Pflanzendüfte locken Tiere an, die dabei helfen, ihre Pollen zu verbreiten. Seit Jahrtausenden spielen Pflanzen mit dieser Empfänglichkeit anderer Gattungen, um sie dazu zu bringen, in ihrem Interesse zu arbeiten. Um bestimmte Arten anzulocken, ahmen sie zuweilen sogar deren Geruch oder Aussehen nach. Einige Orchideen imitieren eine weibliche Biene, um die Männchen dazu

---

25 Chamovitz 2013, S. 61.

26 Vgl. Pollan 2001, S. 109: „In time, human desire entered into the natural history of the flower, and the flower did what it has always done: made itself still more beautiful in the eyes of this animal, folding its very being into the most improbable of our notions and tropes. Now came roses that resembled aroused nymphs, tulip petals in the shape of daggers, peonies bearing the scent of women. We in turn did our part, multiplying the flowers beyond reason, moving their seeds around the planet […].“ („Mit der Zeit trat das menschliche Begehren in die Naturgeschichte der Blume ein, und die Blume tat, was sie immer getan hatte: sich in den Augen dieses Tieres noch schöner zu machen, indem sie in ihr Wesen die unwahrscheinlichste unserer Vorstellungen und Tropen integrierte. Nun kamen Rosen, die wie erregte Nymphen aussahen, Tulpenblätter, die wie Dolche geformt waren, und Pfingstrosen, die den Duft von Frauen trugen. Wir wiederum haben unseren Teil dazu beigetragen, indem wir die Blumen jenseits aller Vernunft vervielfältigten und ihre Samen über den gesamten Planeten verbreiteten […].“)

zu bringen, ihren Pollen zu transportieren. Nicht nur die Unterlippe der Pflanze sieht aus wie eine Biene, sondern sogar ihr Duft wird simuliert, um die Männchen anzulocken. Es ist nicht überraschend, dass die natürliche Auslese Blüten begünstigte, die Bestäuber anlocken konnten und Früchte, die den Sammlern gefielen.

> Plants began evolving burrs that attach to animal fur like Velcro, flowers that seduce honeybees in order to powder their thighs with pollen, and acorns that squirrels obligingly taxi from one forest to another, bury, and then, just often enough, forget to eat.[27]

Einige Pflanzen sind sogar so weit gegangen, ihren Wachstums- und Blührhythmus zu verändern. Oder sie modifizieren ihre chemische Zusammensetzung und produzieren neue Gifte gegen pflanzenfressende Tiere, die aus anderen Regionen eingewandert sind.

Manchmal wechseln sie ihren Bestäuber, wie die Tabakpflanze, die dafür ihre Substanz und ihren Duft umwandelt. Wenn es sein muss, gehen die Pflanzen sogar so weit, ihre Blütenblätter im Morgengrauen zu öffnen, anstatt nachts zu blühen. Um in trockenen und heißen Klimazonen zu überleben, kann ein mexikanischer Wüstenkaktus seinen Stoffwechsel verlangsamen oder – bei Regen – beschleunigen.

Auch der Weißklee verfolgt eine ausgeklügelte Überlebensstrategie. Diese robuste Pflanze wird von den Menschen wenig geschätzt, vor allem wenn sie auf Rasenflächen auftaucht oder sich durch Beton bohrt. Von Südindien bis Norwegen verbreitet, gehört sie zu den Arten, die sich am schnellsten weiterentwickeln und in den schwierigsten Umgebungen zu überleben. Als er sich in Städten ansiedelte, veränderte er seine chemischen Verbindungen. In der Wildnis produziert die Pflanze ein Gift, um sich vor Fressfeinden (Insekten, Kühen, Schafen usw.) zu schützen.

Natürlich ist das alles keine „bewusste" Entscheidung der Pflanzen. Dennoch sind diese Phänomene Teil einer langen Geschichte ihrer Zusammenarbeit mit uns wie auch mit Tieren, in deren Verlauf sich alle beteiligten Parteien veränderten. Das Verhältnis von Subjekt und Objekt wird dabei oft umgekehrt. Im Laufe der Evolution bis heute haben Nichtmenschen folglich auch Beziehungen zu uns unterhalten, deren wir uns selten

27 Ebd., S. XX.

bewusst sind. Meistens ignorieren und vergessen wir die vielfältigen und subtilen Wege, auf denen andere Gattungen unser Verhalten beeinflussen. Das gilt auch für die Domestikation von Pflanzen und Tieren durch den Menschen. Obwohl wir glauben, wir seien die einzigen Akteure in diesem Prozess, haben uns die Nichtmenschen benutzt, um ihre Lebensbedingungen zu verbessern.[28] Um uns in eine für sie nützliche Kooperation zu locken, setzten die Pflanzen vor allem auf unsere Bedürfnisse, nach Schönheit, Rauschmitteln oder nach süßem Geschmack.

Dass Pflanzen lernen, feinspürig auf Bewegungen zu reagieren, ist keine neue Entdeckung. Ende des 18. Jahrhunderts bat der Biologe Jean-Baptiste Lamarck seinen Mitarbeiter De Candolle, Mimosen (Abb. 2) in einer Kutsche durch Paris zu fahren und ihr Verhalten zu dokumentieren. Dieser machte erstaunliche Beobachtungen: Zu Beginn der Fahrt, als die Mimosentöpfe vom Kopfsteinpflaster rüde durchgeschüttelt wurden, hielten die Blumen die Blätter geschlossen, öffneten sie aber wieder, sobald sie sich an die Vibrationen gewöhnt hatten. Die Erklärung war so einfach wie fesselnd: Die Mimosen lernten schnell, dass die Vibrationen der Kutsche für sie nicht gefährlich waren. Sie verschwendeten also keine Energie daran, ihre Blätter zu schließen, wenn es nicht nötig war.[29]

---

28 Vgl. ebd. S. XXI: „Our grammar might teach us to divide the world into active subjects and passive objects, but in a coevolutionary relationship every subject is also an object, every object is a subject. That's why it makes just as much sense to think of agriculture as something the grasses did to people as a way to conquer the trees." („Unsere Grammatik mag uns lehren, die Welt in aktive Subjekte und passive Objekte zu unterteilen, aber in einer koevolutionären Beziehung ist jedes Subjekt auch ein Objekt, jedes Objekt ist ein Subjekt. Deshalb macht es genauso so viel Sinn, die Landwirtschaft als etwas zu betrachten, das das Gras mit den Menschen machte, um den Raum der Bäume zu erobern.")

29 Vgl. Mancuso/Viola 2015, S. 70.

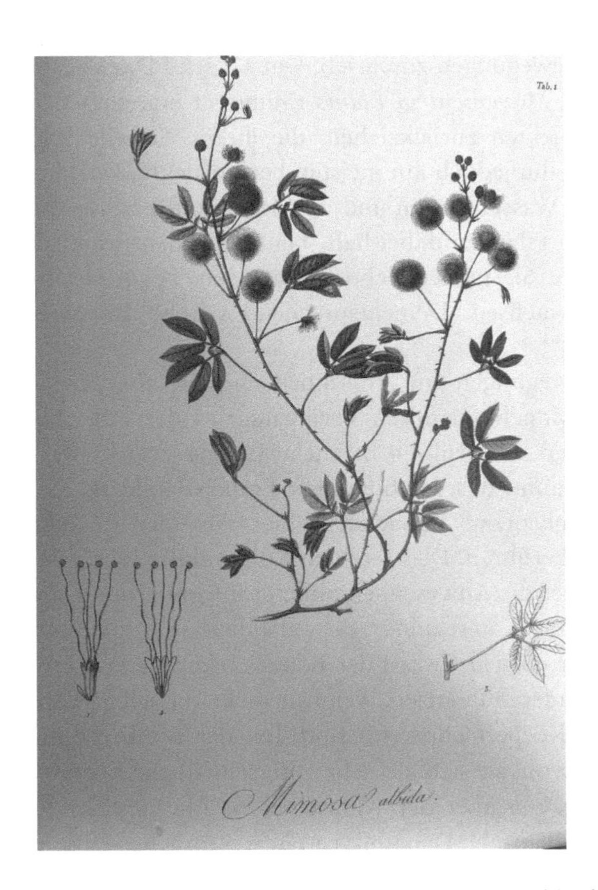

Abb. 2: Mimosa albida. Alexander von Humboldt Tab 1, in: Bibliothek Botanischer Garten und Botanisches Museum Berlin-Dahlem, Freie Universität Berlin, in: Lack 2018

Obwohl in ihrem Milieu meist sesshaft, sind Pflanzen keineswegs unbeweglich. Zeitlupenaufnahmen zeigen sogar eine außergewöhnliche Flexibilität ihrer Glieder. Ihre „Körpertechniken“ – wenn man diesen Begriff auf die Bewegungen und Vibrationen der Pflanzen ausdehnt – beinhalten komplexe Wahrnehmungsstile und den Einsatz aller Sinne, die sie in ihrer Umgebung benötigen. Dies zeigt sich in den von vielfältigen Bewegungen begleiteten Wachstumsprozessen von Pflanzen. Sie strecken sich dabei oder halten sich an verfügbaren Stützen fest. Der erste, der den Pflanzen absichtliche Bewegungen zuschrieb, war Charles Darwin. In seinem Buch *The Power of Movement in Plants* räumte er ein, dass sich die Wurzeln aktiv von Objekten zurückziehen, die ihrem Gewebe Schaden zufügen könnten. Was ihn jedoch am meisten beeindruckte, war ihr Wachstum in Richtung von Wasserquellen und wie der Sinn für Schwerkraft und Magnetfeldern den Pflanzen dabei half, Halt zu finden, wenn sie in Richtung Licht wuchsen. Sie nutzen Echo-Resonanzen, bevor sie in die Richtung einer Stütze wachsen. Dementsprechend schrieb Darwin den Pflanzen Intelligenz zu.[30]

Pflanzenbewegungen und -rhythmen sind allesamt „Gesten“, die kommunizieren. Manchmal durch Berührungen oder indem sie vermeiden, andere Pflanzen zu berühren. Manche Bäume, wie Kiefern, sind für ein Verhalten bekannt, das der Botaniker Francis Hallé als die „Schüchternheit der Baumkronen“ bezeichnete. Sie vermeiden es, die Kronen ihrer Nachbarn zu berühren. Dies setzt ein Kommunikationssystem voraus, das die Kronen über die Anwesenheit anderer informiert und so die Verteilung von Luft und Licht so reguliert, dass alle davon profitieren können.[31]

Es gibt aber ebenso Gesten der Bodenaneignung und erbitterte Revierkämpfe mit anderen Pflanzen, wenn sie nicht zur selben Familie gehören.

All diese „Körpertechniken“ sind Teil der artübergreifenden Lebenstechniken, obwohl sie sich auf sehr unterschiedliche Körper beziehen, und von einem Kraken über den Menschen bis hin zu einer Pflanze reichen können. Die kinetische Dynamik ist ein wesentlicher Faktor aller Lebensformen, eine Kommunikation mit der Welt, die durch Bewegungen, Vibrationen und Rhythmen erfolgt. Pulsieren, sich strecken, sich festhalten,

---

30 Vgl. Darwin 1880, S. 573, zit. in: Hall 2011, S. 139: „In fast allen Fällen können wir das Endziel oder den Vorteil der verschiedenen Bewegungen klar erkennen. Oft wirken zwei oder mehr Erregungsursachen gleichzeitig auf die Spitze ein, und eine dominiert über die andere, zweifellos entsprechend ihrer Bedeutung für das Leben der Pflanze. Der Weg, den die Wurzel beim Eindringen in den Boden einschlägt, muss von der Spitze bestimmt werden, weshalb sie so unterschiedliche Arten von Empfindlichkeit entwickelt hat. Es ist kaum übertrieben zu sagen, dass die Spitze der Wurzel, ähnlich ausgestattet ist wie das Gehirn eines der niederen Tiere; das Gehirn sitzt am vorderen Ende des Körpers, empfängt Eindrücke von den Sinnesorganen und lenkt die verschiedenen Bewegungen.“

31 Siehe Mancuso/Viola 2015, S. 91.

sich mit anderen synchronisieren – all das ist Ausdruck einer sinnlichen Reaktionsfähigkeit, die von allen Arten geteilt wird. Netzwerke zu bilden, indem man zieht, sich festhält, sich streckt, ist vielleicht nicht zu weit entfernt von den elementaren Formen tierischer und sogar menschlichen Sozialverhaltens.[32] Wie dem auch sei, Pflanzen und Menschen besitzen die Propriozeption, also die Fähigkeit, sich im Raum zu positionieren. Und die Ähnlichkeiten hören hier noch lange nicht auf. Pflanzen haben auch einen Sinn, den man als visuell bezeichnen könnte. Natürlich haben sie keine Augen und sehen nicht wie der Mensch. Aber Pflanzen sind in der Lage, optische Reize wahrzunehmen und zu verarbeiten. Da sie auf Licht angewiesen sind, um ihre auf der Photosynthese basierende Energie zu verwalten, spielt die Suche nach Licht eine herausragende Rolle im Leben einer Pflanze. Die Lichtrezeptoren befinden sich vor allem in den Blättern, aber auch in den Ranken und Trieben. Der gesamte Körper der Pflanze ist somit mit „Augen" übersät und der haptische Sinn ist direkt mit dem visuellen Sinn verbunden. Sie sieht mit ihrem ganzen Körper und ihr Wachstum ist nichts anderes als eine ständige Bewegung zum Licht hin. Aber das ist noch nicht alles. Die Sonnenblume zum Beispiel scheint das Licht sogar vorwegzunehmen. Kurz vor Sonnenaufgang drehen sich ihre Blüten langsam in die Richtung, in der die Pflanze annimmt, dass die Sonne aufgehen wird.

Schwingungen und Resonanzen bilden eine Kommunikation mit der Welt, die alle Lebensformen, Pflanzen, Menschen, Tiere bis hin zur scheinbar unbelebten Materie vereint. Unser Körper besitzt Rezeptoren,

---

32 Vgl. Ingold 2015, S. 3: „Als Kinder ist das Festhalten das Erste, was wir je getan haben. Ist es nicht bemerkenswert, wie stark die Hände und Finger eines Neugeborenen sind? Sie sind darauf ausgelegt, sich festzuhalten, zuerst an der Mutter des Kindes, dann an anderen Personen in seiner Umgebung und später an Dingen, die es dem Säugling ermöglichen, sich zu bewegen oder sich aufzurichten. Aber auch Erwachsene klammern sich fest, an ihre Babys [...], aber auch aneinander um der Sicherheit willen oder als Ausdruck von Liebe und Zärtlichkeit [...], dann an Dinge, die einen Anschein von Stabilität bieten. In der Tat gäbe es gute Gründe für die Annahme, dass im Festhalten – oder prosaischer ausgedrückt: im Festhalten aneinander – das Wesen der Sozialität liegt: eine Sozialität, die natürlich keineswegs auf Menschen beschränkt ist, sondern sich über das gesamte Spektrum der „Klammerer" und derer, an die sie sich klammern, oder an das, woran sie sich klammern, erstreckt."

sensorische Neuronen für Berührungen, die in den Nerven der Haut lokalisiert sind. Pflanzen haben Rezeptoren, die über ihre gesamte Oberfläche und sogar in den Wurzeln verteilt sind. In der Pflanzenwelt ist der Tastsinn eng mit dem Gehör verbunden.[33] Wie viele Tiere hört auch der Mensch mit den Ohren.[34] Pflanzen – und einige Tiere wie Schlangen oder Würmer – greifen dagegen auf einen anderen Träger des Schalls zurück: den Boden. Akustische Schwingungen sind für Pflanzen eine Informationsquelle, die sie über ihre Zellen aufnehmen. Das Gehör der Pflanzen ist so entwickelt, dass es die Vibrationen seiner Umgebung erkennen und darauf reagieren kann. Wie das Riechen ist auch das Hören der Pflanzen über ihren gesamten Körper verteilt, von den Blättern bis zu den Wurzeln.

Obwohl Pflanzen wahrscheinlich weder Schmerzen noch Emotionen empfinden, nehmen sie Reize wahr und reagieren darauf auf sehr unterschiedliche Weise.

> [...] keine Wildpflanze könnte ohne ein Gedächtnis ihrer aktuellen wahrgenommenen Signale oder ohne ein kumulatives Gedächtnis überleben, das ihre Erfahrungen mit vergangenen Informationen sammelt und sie in die aktuellen Bedingungen integriert, so dass die Wahrscheinlichkeiten potenzieller Zukünfte bewertet werden können.[35]

Die Pflanzenwelt verfügt über eine außergewöhnliche Bandbreite an sensorischen Fähigkeiten und vermag die unterschiedlichen Signale, insbesondere

---

33 Es beruht auf einem winzigen Organ, den mechanosensiblen Kanälen, die über die gesamte Pflanze verteilt sind, vor allem auf den Zellen der Epidermis. Wenn die Pflanze etwas berührt oder Vibrationen ausgesetzt ist, werden die Rezeptoren in den mechanosensiblen Kanälen aktiviert. Siehe: Mancuso/Viola 2015, S. 68.

34 Vgl. Mancuso/Viola 2015, S. 74: „die Ohrmuschel lenkt die Schallwellen zum Trommelfell, das dadurch in Schwingung versetzt wird und uns so ermöglicht, die Schallwellen in Töne zurückzuübersetzen. Dazu wird die physische Bewegung des Trommelfells im Innenohr in elektrische Signale umgewandelt und über den Gehörnerv zum Gehirn transportiert. Das Gehör benötigt folglich als Schallträger die Luft. Ohne Luft können Schallwellen nicht übertragen werden, und wir würden schier gar nichts hören."

35 „[...] no wild plant could survive without a memory of its current perceived signals or without a cumulative memory that collates its past information experience and integrates it with present conditions so that the probabilities of potential futures could be assessed." Trewavas 2014, S. 18, zit. in: Vieira/Gagliano/Ryan 2016, S. 40.

von flüchtigen chemischen Elementen, zu koordinieren, um daraus Informationen über Schwerkraft, Licht und sogar Schall zu extrahieren.[36] Seitdem neue Verfahren der Aufzeichnung von Schall Nanoschwingungen außerhalb der Frequenzen erfassen, die für menschliche Ohren wahrnehmbar sind, wissen wir, dass Pflanzen nicht nur Geräusche hören und auf sie reagieren, sondern sogar in der Lage sind, welche zu erzeugen. Sie tun dies, um Insekten anzulocken, um die Reaktionen anderer Organismen zu beeinflussen oder – in Krisensituationen – um ihre Mitmenschen zu warnen. Die Vibrationen, die Bienen mit ihrem „Bzz“ aussenden, hingegen regen die Blüten zur Abgabe von Pollen an, die Nahrung der Bienen. Akustische Vibrationen spielen in der Pflanzenwelt eine so herausragende Rolle, dass Forscher der Pflanzenphysiologie sogar von einem „Philharmonischen Orchester in den Wäldern“ sprechen. Der Einfluss von Musik auf Pflanzen ist Teil eines uralten Wissens, dessen sich beispielsweise die Aborigines in Australien sehr bewusst sind.

Da Pflanzen Vibrationen wahrnehmen, verändern sie ihr Verhalten als Reaktion auf diese Veränderungen der akustischen Frequenzen. Sie reagieren auf Töne mit einem schnelleren Wachstum. Diese Erkenntnis führte zur Entstehung der „phonobiologischen Landwirtschaft“[37], die Töne nicht nur zur Beschleunigung des Pflanzenwachstums einsetzt, sondern auch zur Vertreibung von Insekten, die durch Musik verwirrt werden.

Mittlerweile gibt es sogar Industrieunternehmen, die dieses Wissen nutzen. In Japan hat die Firma Gomei-kaisha Takada ein Patent auf die Verwendung bestimmter Musik angemeldet, die angeblich die Fermentierung von Hefe verbessern soll, die bei der Herstellung von Sojasauce und Misopaste verwendet wird. In Europa wurde in einem Gewächshaus in der Schweiz die Wirkung von Musik auf das Wachstum von Tomaten getestet. Während eines sehr heißen Sommers wurde ein Teil der Tomaten im Gewächshaus täglich drei Minuten lang mit dieser Musik beschallt,

---

36 Vgl. Gagliano 2016, S. 24: „Pflanzen haben sich so entwickelt, dass sie Schallwellen oder Vibrationen in ihrer Umgebung wahrnehmen und darauf reagieren können. Tatsächlich ist die Fähigkeit der Pflanzen, auf Vibrationen zu reagieren, weiter verbreitet, als wir denken, und viele Arten haben eine Reihe von adaptiven Strategien ausgebildet, um sich den Schall zunutze zu machen.“

37 Mancuso/Viola 2015, S. 76.

zusätzlich zu einer Wasserration von 1,5 Litern. Die Blätter der „Musiktomaten" blieben grün, während die Blätter der Tomaten, die nur Wasser bekommen hatten, vertrockneten.[38]

Übrigens sind die Pflanzen in ihrem Musikgeschmack eher traditionell. Sie bevorzugen das klassische Repertoire. Wenn Pflanzen Bach der Rockmusik vorziehen, liegt das daran, dass bei ersterer die Frequenzen unterhalb von 100 bis 500 Hz dominieren, was ihr Wachstum begünstigt. Aktuelle Forschungen in der Bioakustik belegen, dass die Vokalisationen von Pflanzen einen aktiven Prozess darstellen, der mit einem Gedächtnis verbunden ist. Wenn Pflanzen nicht in der Lage sind, sich selbst zuzuhören, geht alles schief.

> Sobald man die Fähigkeit der Pflanze, sich selbst zu hören, blockiert, scheint sie verrückt zu spielen. Wenn man die „Ohren" der Pflanze abklemmt, so dass sie nicht hören kann, welche Duftstoffe sie produziert, fängt sie an, lauter zu schreien – zum einen weiß sie dann nicht, wann sie bestäubt wurde, und produziert kontinuierlich Blüten, zum anderen schreit sie nach Bestäubern, obwohl sie längst befruchtet wurde.[39]

Forscher sehen in diesem Verhalten den Beweis für ein Selbstbewusstsein von Pflanzen. Ihre Fähigkeit, zu lernen und sich an Informationen zu erinnern, hilft der Pflanze, auf diese Informationen zu reagieren, indem sie ihr Verhalten verändert. Dies ist Teil einer Intelligenz, die ohne Hilfe eines Gehirns und neuronaler Prozesse zustande kommt. Besitzen Pflanzen einen spezifischen Denkprozess? Auch wenn man nicht so weit gehen will, Pflanzen ein Bewusstsein zuzugestehen, zu glauben, es gäbe

> eine klare Linie mit echtem Verstand und wahrer Einsicht auf der einen Seite und Tieren und Pflanzen auf der anderen Seite – das ist ein archaischer Mythos.[40]

---

38 Dieses Beispiel stammt aus Bony 2015, S. 4-5.

39 „When you block the plant's ability to hear itself talk it seems to go crazy. If you plug the plants ears so it can't hear that volatile it is producing, it begins to scream louder – for one thing, they don't know when they were pollinated, they will produce floral scent continuously, they will yell for pollinators even though they were already pollinated a long time ago." Gagliano 2016, S. 34.

40 „a bright line with real comprehension and real minds on the far side of the line, and animals and plants on the other – that's an archaic myth." Mabey 2015, S. 309.

I.4.1.2. Die Pflanze als Subjekt

Resümieren wir unseren Ausflug in die sinnliche Welt der Pflanzen. Die alte Vorstellung von der Pflanze als passivem Objekt, das außerhalb der Geschichte und ganz unten auf der Skala der Wesen steht, weicht heute der Anerkennung ihrer „phyto-performance“. Die Pflanze erweist sich als aktiver, effizienter und oftmals sogar gerissener Agent. Sie ist in der Lage, ihr Verhalten zu ändern und zuweilen ihre Lebenstechniken radikal umzukrempeln.

Pflanzen können uns sogar als Modell für ein Verhalten dienen, das unsere Vorstellungen davon, was „normal“ ist, in Frage stellt. So finden sich in der Pflanzenwelt Phänomene von „Transgender“ in Form nichtbinärer Geschlechtsgrenzen. Eine Tomate in Australien – die den wissenschaftlichen Namen „Solanum Plastisexum“ trägt – zeigt eine innovative Fortpflanzungstechnik. Sie wechselt ihr Geschlecht auf unvorhersehbare Weise. Manchmal sind diese Knospen hermaphroditisch, ein anderes Mal sind sie männlich und manchmal eine Mischung aus beidem.[41] Andere Pflanzen und Tiere weisen veränderliche Geschlechtsformen auf, wie die Clownfische, die als Männchen geboren werden und sich in Weibchen verwandeln können. Pflanzen sind dafür bekannt, dass sie besonders fließend sind. Sie können Blüten mit nur männlichen oder nur weiblichen Teilen oder beides haben oder Fortpflanzungssysteme, die anders funktionieren, als sie erscheinen. Aber das Verhalten der Tomate, die auf unvorhersehbare Weise ihr Geschlecht wechselt, bleibt ein außergewöhnliches Phänomen. Dennoch könnte man noch tausende weitere Beispiele für den Einfallsreichtum der Pflanzenwelt hinzufügen.

Anstatt die menschliche Kognition als Maßstab für die Beschreibung anderer Arten zu nehmen, sollte man sich fragen, welche Form der Intelligenz für bestimmte Körper und Milieus angemessen ist. Außerdem gibt es eine – in westlichen Kulturen oft unterschätzte – Intelligenz der Sinneswahrnehmung jenseits der Artengrenzen, die uns zu einer neuen Beziehung zur Natur motivieren sollte. Vorausgesetzt, wir überwinden das gehirnzentrierte Konzept von Intelligenz, kann man den Pflanzen ein intelligentes

41 Siehe Albeck-Ripka 2019.

und sogar soziales Verhalten zugestehen. Intelligenz ist einfach die Fähigkeit, Probleme zu lösen und sich an veränderte Umstände anzupassen.

> „Vielleicht sollten wir stolzer auf den beträchtlichen Teil unserer eigenen Intelligenz sein, der nicht mit dem Selbstbewusstsein verbunden ist, sondern das Ergebnis langwieriger evolutionärer Prozesse, denen vergleichbar, die das vernünftige Verhalten von Pflanzen steuern. Intelligenz ist einfach die Fähigkeit, Probleme zu lösen und sich an veränderte Umstände anzupassen, und Pflanzen können ihre eigenen spezifischen ‚Denk'-Prozesse haben". Mabey 2015, S. 309.[42]

Was dazu führen würde, unsere Vorstellungen von sozialer Existenz und Kultur zu überdenken. Die Anthropologie der Bescheidenheit beruht auf einem erweiterten Konzept von Wissen, Intelligenz und dem Sozialen. Selbst wenn man nicht so weit geht, Nichtmenschen eine Sprache zuzugestehen, so bleibt es doch dabei, dass alles Leben immer semiotisch ist, im Sinne der Schaffung und Interpretation von Zeichen.[43]

Die Verwendung von Zeichen, also die Schaffung symbolischer Welten ist ein Grundmerkmal des Lebens, auch des nichtmenschlichen. Daraus folgt, dass andere Arten miteinander kommunizieren und interagieren. Sie machen sich sogar „Vorstellungen" von anderen Subjekten, und das bestimmt die lebendige Dynamik eines jeden Ökosystems. Da alles Leben semiotisch ist, ist die Intelligenz und die Fähigkeit, seine Umwelt umzugestalten und eine Zukunft zu schaffen, nicht ausschließlich auf den Menschen beschränkt. Die großen Unterschiede zwischen den menschlichen Formen der Repräsentation und denen anderer Wesen entstehen auf der Grundlage gemeinsamer semiotischer Anlagen.

---

42 Perhaps we should be proud of that considerable part of our own intelligence which is unconnected to self-awareness, and is the product of long evolutionary processes analogous to those that govern sensitive behaviour in plants. Intelligence is simply the ability to solve problems and adapt to changing circumstances, and plants may have their own specific "thinking processes"

43 Vgl. Kohn 2013, S. 55: „The semiosis of life is iconic and indexical. Symbolic reference, that which makes humans unique, is an emergent dynamic that is nested within this broader semiosis of life from which it stems and on which it depends." („Die Semiose des Lebens ist ikonisch und indexikalisch. Die symbolische Referenz, das, was den Menschen einzigartig macht, ist eine emergente Dynamik, die in diese umfassendere Semiose des Lebens eingebettet ist, aus der sie hervorgeht und von der sie abhängt.")

Kapitel II. Resilienz am Rande eines Abgrunds: die Plastizität der Natur

II.1. Die Kreativität der Natur

Mit einer üppigen und unberechenbaren Natur konfrontiert zu sein, sei es in von Menschen kaum berührten Gegenden oder bei Naturkatastrophen, kann ebenso tiefe Glücksgefühle wie Panik hervorrufen. Aber stets aktivieren solche Erfahrungen eine Imagination, die in der Tiefe unserer Affekte und Körper verankert ist. Unsere Beziehung zur Natur bleibt ambivalent: hinter unseren Versuchen, sie in ein formbares und kontrollierbares Objekt zu verwandeln, steht eine uralte Furcht vor ihrer Macht.

Ein Beispiel für die geheimnisvolle und beunruhigende Dimension der Schöpfungskraft der Natur sind Sümpfe und Moore, diese für Menschen verbotenen Orte, an denen sie von einer unheilvollen und oft tödlichen Natur verschlungen und verzehrt werden. Eine reiche Folklore umgibt diese Räume überbordender Fruchtbarkeit, die aus toten Flechten, fleischfressenden Blumen, Moos und anderen verrottenden Materialien bestehen. Geschichten von bösen Geistern, die dort hausen, oder von Männern und Frauen, die sich dort verirrt haben und Jahrhunderte oder gar Jahrtausende später tot, aber perfekt konserviert, aufgefunden wurden, nähren die Vorstellung von den unheimlichen Mächten der Natur.

Wir sind indes nicht die Einzigen, die die zuweilen verheerenden und kaum kontrollierbaren Kräfte unserer natürlichen Umwelt fürchten. Wir teilen mit anderen Wesen eine elementare Situation: die Abhängigkeit von der Erde. Wie sie, sind wir von Überschwemmungen, Wirbelstürmen, Waldbränden oder ganz einfach vom Verlust von Ressourcen bedroht. In der Natur ist es manchmal eine Frage von Leben und Tod frühzeitig zu lernen, wie man mit schwierigen Bedingungen umgeht oder auf Veränderungen der Umwelt reagiert. Seit Jahrtausenden befinden sich die Bewohner dieses Planeten in einer Welt, die ständig in Bewegung ist, mit instabilen Rhythmen und abrupten, oft dramatischen Veränderungen. Und alle Wesen begegnen dieser Situation auf ihre Weise. Jeder Organismus reagiert auf seine Umwelt und verändert sie: Das nennt man *Plastizität*. Sie ermöglicht es, sich bei Bedarf umzustrukturieren, um Schäden zu kompensieren.

Das zeigt sich in der Reaktion eines Baumes auf den Verlust eines Astes oder der des menschlichen Gehirns auf eine Verletzung.

> Die plastische Reaktion einzelner Äste ermöglicht es einem Baum, die gleiche reife Gesamtform zu erreichen, selbst wenn er Zweige verliert oder um Hindernisse herum wachsen muss; die plastischen Reaktionen des menschlichen Gehirns ermöglichen es diesem, Verletzungen zu kompensieren, indem es andere Regionen rekrutiert, um die Funktionen zu übernehmen, die normalerweise von der geschädigten Region ausgeführt werden. Die Natur findet immer neue Möglichkeiten, um auf diese Veränderungen zu reagieren, manchmal indem sie neue Wege und Strukturen – einschließlich Verhaltensmuster – schafft. Der größte Teil der Stabilität in lebenden Objekten ist von dieser Art: flexibel statt starr; aktiv aufrechterhalten und durch plastische Reaktion in der Lage Störungen zu kompensieren, statt sich der Veränderung zu widersetzen.[1]

Plastizität ist ein Merkmal, das alle Arten verbindet und ihr Überleben sichert. Heute hilft die Molekular- und Genombiologie, sie zu verstehen. Dabei wurde die klar umrissene Grenze gesprengt, die die klassische Anthropologie zwischen Menschen und Nichtmenschen errichtet hatte. Die Verwandtschaft mit allen anderen Organismen ist nämlich in unseren Genen verankert. Alle Lebewesen teilen sich denselben genetischen Werkzeugkasten, der auf der DNA basiert, und sind auf die Energie angewiesen, die aus einem Molekül namens Adenosintriphosphat (ATP) gewonnen wird. Dies ist der universelle Mechanismus, der alles Leben antreibt und jeder unserer Handlungen zugrunde liegt. Zusammen mit der Einheit der DNA-Codierung der zellulären Instruktionen liefert dies überwältigende Beweise dafür, dass alles Leben ausgehend von einem gemeinsamen Vorfahren entstand.[2]

Die Fruchtbarkeit der Natur, die in den unwirtlichsten Gegenden Leben hervorbringt, hat die Menschen schon immer in Erstaunen

---

1 „The plastic response of individual branches allows a tree to arrive at the same overall mature form even it loses limbs or must grow around obstacles; the plastic response of the brain allow it to compensate injury by recruiting other regions to perform functions normally executed by the damaged region. Most stability in living things is of this sort: robust rather than rigid; actively maintained and adjusted by plastic response in such a way to compensate for disturbances rather than resulting from simple resistance to modification." Barker 2015, S. 59.

2 Vgl. Greene 2020, S. 95-96.

versetzt – und zuweilen erschreckt. Ob mitten in der Wüste oder in den eisigen Zonen der Arktis, überall findet man Pflanzen und Tiere, die unter Lebensbedingungen gedeihen, die für alle anderen tödlich wären. Jedes Wesen besitzt sowohl genetische Vorgaben als auch solche, die durch die im Laufe seiner Evolution entwickelten Techniken erworben wurden. Dieses ständige Werden wiederholt sich in der Entwicklung von allem, das existiert. Nicht nur Tiere und Pflanzen, sondern auch die gesamte Materie und die geologischen Kräfte sind in diesen Prozess einbezogen. Dass er sich sogar beschleunigen kann, erweist sich in der Anpassung anderer Lebewesen auf den aktuellen Klimawandel. Pflanzen und Tiere aus anderen Klimazonen verbreiten sich plötzlich in unseren Städten, ein Zeugnis der transformativen Kreativität der Natur. Die anderen Arten reagieren auf unsere Handlungen und die von uns geschaffenen Bedingungen. Dies bedeutet aber auch, dass sie eine für uns unvorhersehbare Zukunft entwerfen, mit der wir Menschen konfrontiert sind. Aufgrund der Zerstörung ihres Lebensraums durch den Menschen ändern Wölfe beispielsweise ihr Verhalten und finden Nischen in städtischen Gebieten. In Folge der Klimaerwärmung breiten sich Pflanzen und Insekten aus anderen Ländern aus und gefährden die heimische Flora und Fauna. Pathogene Mikroorganismen ziehen als unsichtbare Massen verheerende Pfade durch die menschlichen Gebiete.[3]

Die Wandlungsfähigkeit des mikro- und makrobiologischen Lebens ist die große Herausforderung für unseren verbreiteten rein technologischen Ansatz, dessen wissenschaftliche Parameter bislang nicht allzu viel Wissen über die Konnektivität des Lebens im Ökosystem beinhalten. Wir befinden uns plötzlich an einem beweglichen und wenig abgegrenzten Ort, in einem „In-Between", wo wir gezwungen sind, unsere Zukunft mit Kräften und Wesen zu verhandeln, deren mögliche Aktivitäten uns kaum vertraut sind. Unsere Versuche der grenzenlosen und zuweilen extravaganten Fruchtbarkeit und immer schnelleren

3 „[…] what is most alarming is life's exuberance, its unregenerate capacity to multiply, transform and mobilize itself, its proclivity to turn up in forms we didn't anticipate, at sites we don't want it, in numbers we can't deal with." Clark 2011, S. 3.

evolutionären Anpassungsfähigkeit der Natur durch immer mehr technologische Kontrolle zu begegnen, sind zum Scheitern verurteilt.[4]

II.2. Das Abenteuer des Lebens und das Design der Natur

Um sich mit ihrer Umwelt zu synchronisieren, erzeugen alle Organismen Formen mit rhythmischer Energiestruktur. So folgt das Pflanzenwachstum nicht den Gesetzen der Skala, sondern es vollzieht sich über Formationen, die eine Stabilität in Bewegung schaffen, ein zerbrechliches und flüchtiges Gleichgewicht. Digitale Bilder zeichnen diese Strukturen nach, die die Identität des Lebendigen ausmachen. Die Selbstorganisation in rhythmisch bewegten Formen bildet ein grundlegendes Prinzip in der Natur. Die gleichen Algorithmen sind in allen Formen in der Natur am Werk, von den kleinsten – wie Bakterien – bis zu den größten – wie Galaxien –, und das gilt sowohl für die belebte wie für die unbelebte Natur. Dasselbe Designprinzip bestimmt die Blätter einer blühenden Rose, über die Nacktschnecken und kleinste Tiere bis hin zu den Sternen. Die Bildung von Mustern, also von Formen fließenden und vorübergehenden Gleichgewichts, macht das Leben aus. In seinem Buch *Patterns* hat der Chemiker und Physiker Philip Ball Bilder von der Formenvielfalt der Natur gesammelt. Darunter finden sich Schäfchenwolken oder auch Blumenkohlröschen. Dieses „Design" vereint ganze Ökosysteme und umfasst sowohl Menschen und Tiere, wie Pflanzen und Mineralien.

Diese Strukturen besitzen kein zentrales, sondern ein verteiltes Kontrollsystem.

> Muster leben am Abgrund, in einem fruchtbaren Grenzgebiet zwischen jenen Extremen, wo kleine Veränderungen große Auswirkungen haben können. Das ist wohl das, was wir aus dem klischeehaften Satz „am Rand des Chaos" ableiten sollen. Ein Muster entsteht, wenn konkurrierende Kräfte die

---

4 Vgl. Dunn 2021, S. 9.

> Gleichförmigkeit verhindern, aber kaum Chaos herbeiführen können. Das hört sich an wie ein gefährlicher Ort, aber an diesem Ort haben wir schon immer gelebt.[5]

Am Rande des Abgrunds zu leben, ist sicher nicht komfortabel, aber es ist eine Situation, die alle Wesen auf unserem Planeten teilen. Das Leben vollzieht sich stets in einem prekären Gleichgewicht. Es gleicht einem akrobatischen Drahtseilakt über dem Abgrund. Und Muster sind die geniale Antwort der Natur auf diese Herausforderung, denn sie ermöglichen einem Organismus, unter schwierigen Bedingungen ein Gleichgewicht zu finden. Diese Flexibilität ist der Grund für die Resilienz in der Natur und Ausdruck der für sie charakteristischen Plastizität. Hier findet sich auch der Ursprung einer unendlich vielfältigen Formensprache, die jedoch stets auf identischen und ungemein funktionalen Prinzipien beruht. Um sich mit ihrer Umgebung zu synchronisieren, erzeugen Pflanzen Formen, die auf einer rhythmischen Energiestruktur beruhen. Formen in der Natur sind das Produkt dynamischer Kräfte, die von Energieströmen erschaffen werden. Die Natur ist im Grunde ein perfekter Designer, der ebenso vielfältige wie regelmäßige Formen erschafft. Und diese wiederholen sich, wie das Sechseck oder die Spirale, die überall in der Natur zu finden sind. Kein Wunder, dass wir sie schön finden.

Obwohl sie in den unterschiedlichsten Umgebungen und Kontexten stets auf die gleiche Weise entstehen, gibt es dennoch kein Gesetz für diese Muster. Es handelt sich eher um eine ganze Palette von Prinzipien, die sich in unzähligen Variationen, Kombinationen und Abwandlungen manifestieren. Die Natur hat das gleiche Programm immer und immer wieder verwendet. (Abb. 3-5) Die Schneeflocken sind ein Beispiel dafür: Sie sind das Ergebnis eines Kompromisses, geschmiedet in einer Umgebung, die von mikroskopischen Symmetrien durchdrungen ist. Diese Kontinuität erreicht ein Organismus durch die ständige

5 „Patterns live on the edge, in a fertile Borderland between these extremes where small changes can have large effects. This is, I suppose, what we are to infer from the clichéd phrase 'the edge of chaos'. Pattern appears when competing forces banish uniformity but cannot quite induce chaos. It sounds like a dangerous place to be but it is where we have always lived.“ Ball 2009, S. 183.

metabolische Umwandlung seiner Teile. Dieser Prozess ist geprägt von Instabilität und vorübergehendem Gleichgewicht, und dasselbe gilt für jeden Organismus und jede Materie. Wir finden ihn in Wellen oder in den Bewegungen von Wind oder Sand.[6] Die Architektur einiger Polymere oder Seifenmoleküle zum Beispiel ist eine elegante Lösung der Aufgabe, ihre Oberfläche und die Krümmung der Struktur so klein wie möglich zu halten und die Moleküle trotzdem effizient zusammenzupacken.

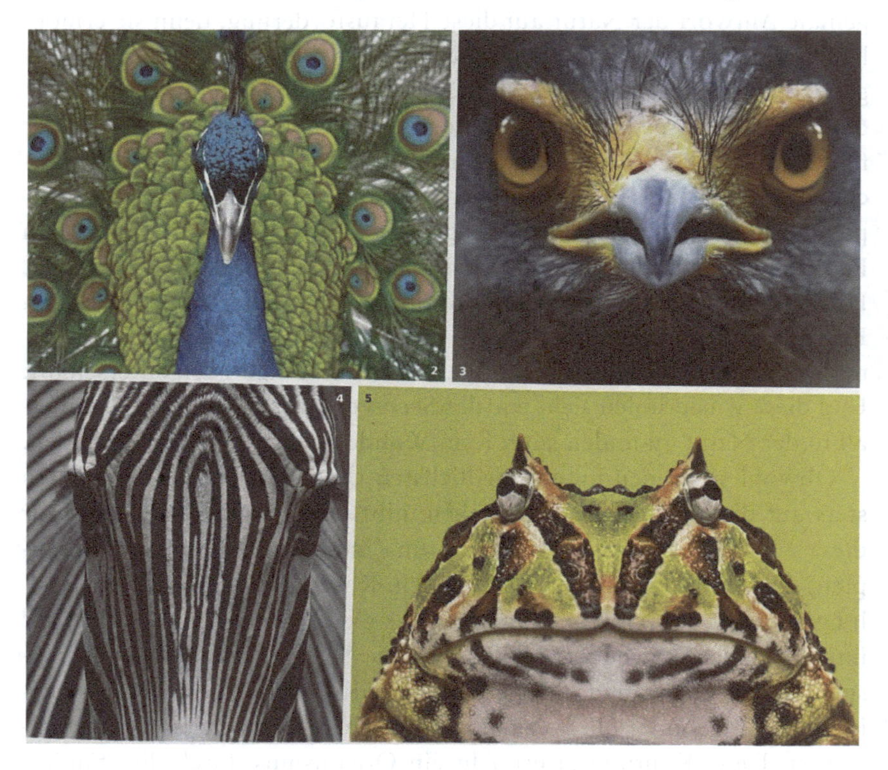

Abb. 3: Bilaterale Symmetrie im Tierreich. In: Ball 2016, S. 35

6 Siehe Ball 2009.

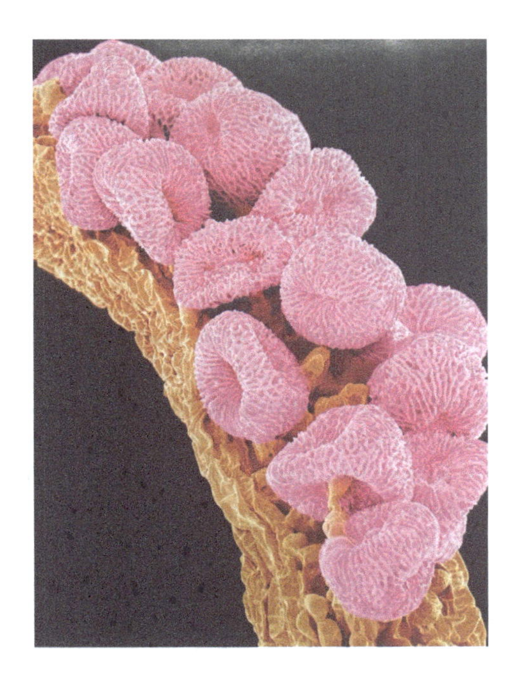

Abb. 4: Pollensamen. In: Ball 2016, S. 9

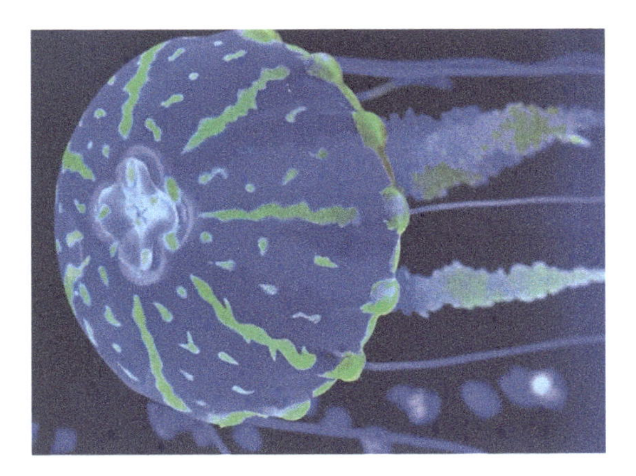

Abb. 5: Qualle. In: Ball 2016, S. 26

Das Design der Natur bestimmt jegliche Evolution und wiederholt sich in allem, was auf der Erde existiert. Diese Erkenntnis verändert unser Verständnis von Natur. Weder auszubeutende Ressource, noch nährende Mutter oder Schutzbefohlene, steht uns eine gleichermaßen schöpferische wie zerstörerische Kraft gegenüber, ein komplexes, sich selbst formendes System. Dieses besteht aus nichtlinearen Kopplungen zwischen Prozessen, die miteinander verflochtene, aber nicht additive Subsysteme bilden, die sich gegenseitig unterstützen.[7]

Die Plastizität aller Lebensformen relativiert die Idee eines menschlichen Agenten als entscheidendem Faktor ökologischer Entwicklung, wie sie die meisten Theoretiker des Anthropozäns vertreten. Andere Arten sind durchaus in der Lage, jenseits einer reinen Anpassungsreaktion schöpferisch und innovativ zu handeln und damit ihrerseits zu Akteuren zu werden, die wir berücksichtigen müssen.[8] Angesichts der Tatsache, dass wir die Spezies sind, die den Planeten am meisten zerstört, tragen wir eine enorme Verantwortung für seine Rettung. Aber zu glauben, wir könnten einen zerstörten Planeten allein durch unsere Technologien retten, die tief und oft unvorhersehbar in die Ökosysteme eingreifen, erweist sich zunehmend als illusorisch. Indem wir sie unserer Agenda unterwerfen – oft ohne die komplexen Prozesse in der Natur auch nur zu kennen –, riskieren wir nicht nur, ihr zu schaden, sondern zugleich unser eigenes Überleben zu gefährden.

Die Plastizität allen Lebens bildet die Grundlage für eine Anthropologie der Bescheidenheit. Am Ende einer anthropozentrischen Weltsicht steht nicht nur die Stellung des Menschen im Verhältnis zu anderen Wesen in Frage, sondern auch unsere Identität als Anthropos. Das bedroht eine Mentalität, die im modernen Empfinden fest verankert ist: ein auf den Menschen ausgerichtetes Denken. Nicht nur die Art, wie wir die Welt erleben und gestalten, sondern auch der Platz des Menschen in dieser Welt steht zur Debatte. Wir befinden uns an der Schwelle eines ganz neuen Weltbilds, das in unserer modernen westlichen Kultur tief verwurzelte Vorstellungen

---

7 Siehe Stengers 2009, zit. in: Haraway 2016, S. 43-44.

8 Vgl. Granjou 2016, S. XXII: „future is always more-than-human futures: they are anchored in the capacities of non-humans to make futures, in their capacities of innovative and open-ended becoming“.

und Wahrnehmungen über das Leben, die Identität und die Kategorie des Subjekts neu definiert. Wir müssen die Möglichkeit akzeptieren, dass Intelligenz etwas ist, das wir mit anderen Gattungen teilen. Diese seltsamen neuen Nachbarn, mit denen wir uns plötzlich in einer artenübergreifenden Gemeinschaft verstrickt finden, problematisieren unsere herkömmlichen Wege, die Geschichte, das Soziale, das Subjekt und sogar die Gemeinschaft zu konstruieren. Zunächst einmal verändert sich dadurch jedoch unsere Vorstellung von Wissen. In seinem Buch *The Problem with Science* geht Robin Dunbar sogar so weit, zu behaupten, dass auch Nichtmenschen Wissenschaft betreiben. Wissenschaft sei demnach nur eine hochgradig formalisierte Version eines Unterfangens, das für das Leben elementar ist, nämlich die in der Welt gültigen Gesetzmäßigkeiten zu erkennen. Eine Ursache-Wirkungs-Beziehung herzustellen, um Regelmäßigkeiten zu finden, ist für das Überleben von grundlegender Bedeutung. Dieses Verhalten, das die Grundlage jeder Wissenschaft bildet, findet sich auch bei Nichtmenschen, vor allem bei Säugetieren, Vögeln und selbst bei Pflanzen. Auch sie sammeln Informationen, leiten daraus Regelmäßigkeiten ab, um zu antizipieren, was passieren wird, und im richtigen Moment angemessen zu reagieren.[9] Für Dunbar liegen die Quellen der Wissenschaft darin, empirische Phänomene zu klassifizieren, zu verallgemeinern und kausal abzuleiten, um daraus Erklärungen abzuleiten, die Hypothesen und Handlungen ermöglichen. Die von Dunbar beschriebenen wissenschaftlichen Praktiken gelten also auch für Tiere und sogar für Pflanzen, die ebenfalls nach Regeln suchen und ihr Verhalten entsprechend modifizieren können. Selbst wenn eine solche „Hypothese“ im Fall bestimmter Blumen darin

9 Vgl. Dunbar 2016, Kindle, S. 1088ff.: „[…] the scientific method is not merely typical of all humans, but it is also a key feature in the lives of most birds and mammals. Science as we know it in the Western world is the product of a highly formalized version of something very basic to life, namely the business of learning about regularities in the world. Being able to predict what is going to happen in order to be able to act in an appropriate way at the right moment is fundamental to survival.“ („Die Wissenschaft, wie wir sie in der westlichen Welt kennen, ist das Produkt einer stark formalisierten Version von etwas, das sehr grundlegend für das Leben ist, nämlich das Geschäft des Lernens über die Regelmäßigkeiten in der Welt.“)

besteht, sich vor Sonnenaufgang in die Richtung zu drehen, in der sie die Sonne erwartet.

Folglich gäbe es eine Kontinuität in den wissenschaftlichen Praktiken zwischen Tieren und Menschen.

> Der Kern meines Arguments war, dass empirische Wissenschaft etwas ist, das dem Leben selbst innewohnt.[10]

Evolution ist ein Prozess, der sich in der Entwicklung aller Lebewesen wiederholt und vergleichbare Verhaltensstile hervorbringt, selbst wenn sich diese je nach Organismus und Milieu unterscheidet. All dies begründet eine Anthropologie der Bescheidenheit: Wir sind nicht mehr die einzigen intelligenten Wesen, die über Techniken verfügen und angesichts neuer Herausforderungen kreative Strategien entwickeln, also aktiv eine Zukunft gestalten. Lebensformen sind weder genetisch noch kulturell vorkonfiguriert, sondern sie entstehen als Eigenschaften einer dynamischen Selbstorganisation von sich entwickelnden Systemen. Anstatt eines „Wesens" oder einer festen Entität ist auch der Mensch ein „Werden", ein Pfad der Bewegung und des Wachstums. In diesem Sinne definiert Tim Ingold den Menschen nicht als Spezies, sondern als „biosoziales Werden"[11].

> Dass sich das Leben wie ein Teppich von Beziehungen gegenseitiger Konditionierung entfaltet, lässt sich in einem einzigen Wort zusammenfassen: sozial. Alles Leben ist in diesem Sinne sozial. Doch alles Leben ist auch insofern biologisch, als es Prozesse des organischen Wachstums und der Zersetzung, des Stoffwechsels und der Atmung beinhaltet, die durch Ströme des Materialaustauschs über die membranartigen Oberflächen seiner entstehenden Formen hervorgerufen werden. Daraus folgt, dass jeder Pfad des Werdens in einem Feld entsteht, das sozial und biologisch ist, oder kurz gesagt: biosozial. Deshalb sprechen wir von den Menschen, [...] nicht als Gattung, sondern als *biosozial Werdende*.[12]

---

10 „The essence of my argument has been that empirical science is something intrinsic to life itself." Ebd.

11 Ingold/Palsson 2013, S. 9.

12 „That life unfolds as a tapestry of mutually conditioning relationships may be summed up in a single word, social. All life, in this sense, is social. Yet all life, too, is biological, in the sense that it entails processes of organic growth and decomposition, metabolism and respiration, brought about through fluxes of exchanges of materials across the membranous surfaces of its emergent forms. It follows that every trajectory of becoming issues forth within a field that is intrinsically social and biological, or shortly, biosocial. That is why we speak of

Da jede Evolution eine Koevolution ist, entwickelte sich auch unsere Lebensform in Abhängigkeit und Verflechtung mit anderen Gattungen. Letztlich sind wir infolge dieser Beziehungen überhaupt erst zu Menschen geworden.

Die Anthropologie der Bescheidenheit überwindet die Dualismen und Identitätskonzepte westlicher Ontologie, indem sie die Materialität und die anderen Gattungen in einer relationalen und radikal relativistischen Perspektive betrachtet. Das heißt aber auch, dass das Nichtmenschliche, jene „Anderen", mit denen wir den natürlichen Raum teilen, in den tieferen Schichten von uns selbst angesiedelt ist, in einer Kontinuität, die das Biologische übersteigt und in das Soziale übergeht.[13]

Dem westlichen Wissensverständnis fehlt weitgehend eine Dimension, die für einen Großteil der indigenen Völker gängig war: das Verständnis für eine aktive und wechselseitige Sozialität mit der nichtmenschlichen Welt. Anstatt das Soziale vom Natürlichen zu trennen, suchen wir jedoch heute nach einer sozialen Ordnung, die einer neuen Gemeinschaft gerecht wird, die nichtmenschliche Wesen einbezieht. Gingen wir zuvor von autonomen Individuen aus, die mit der natürlichen Umwelt interagieren, so stellt sich nun heraus, dass es gar keine klaren Unterscheidungen zwischen den Bereichen der (menschlichen) Kultur und der (nichtmenschlichen) Natur mehr gibt. Mit dem Erscheinen anderer Gattungen auf der sozialen und kulturellen Bühne erweist sich Gesellschaft nunmehr als eine Komposition, an der eine Vielzahl von Arten beteiligt sind. Und jede hat eine eigene, spezifische Agenda, die nicht immer mit der unseren in Einklang steht.

---

humans, [...] not as species but as *biosocial becomings*." Ebd. Hervorhebungen im Text.

13 Vgl. Morton 2016, S. 160: „Ecognosis involves realizing that non-humans are installed at profound levels of the human – not just biological and socially, but in the very structure of thought and logic. Coexisting with these non-humans is ecological thought, art, ethics and politics." („Ökognosis bedeutet, zu erkennen, dass Nichtmenschliche auf tiefen Ebenen des Menschen angesiedelt sind – nicht nur biologisch und sozial, sondern in der Struktur des Denkens und der Logik selbst. Mit diesen Nichtmenschen zu koexistieren, ist ökologisches Denken, Kunst, Ethik und Politik.")

II.3. Menschliche Neuroplastizität oder Leben im labilen Gleichgewicht

II.3.1. Die Rhythmen des Gehirns

Wenn die Plastizität eine artenübergreifende Eigenschaft ist, welche spezifische Form charakterisiert dann den Menschen? Nicht nur die Genetik, sondern auch die Neurowissenschaften liefern dafür einige wertvolle Beobachtungen und motivieren sogar ein wenig Optimismus. Wie die meisten anderen Arten ist auch unsere Spezies sehr anpassungsfähig. Daraus folgt, dass wir unser Verhalten gegenüber anderen Arten ändern können. Aufgrund unserer biologischen und evolutionären Ausstattung sind wir sogar dafür prädisponiert.

> Wir sind für plastische Reaktionen auf mehreren Ebenen angelegt: entwicklungsbedingt, verhaltensbedingt, kognitiv und kulturell.[14]

Für die heutigen Kognitionswissenschaften ist der Mensch keine feste Einheit, sondern ein ständiges Werden, ein Weg des Wachstums. Was sie als „Neuroplastizität" bezeichnen, ist die Fähigkeit unseres Gehirns, sich durch Erfahrung und Training zu verändern und neue Handlungsweisen zu erlernen. Die Frage nach den Grenzen der menschlichen Plastizität ist ein heiß debattiertes Thema in den Neurowissenschaften. Während die evolutionäre Psychologie auf evolutionären Invarianten besteht, betonen andere, dass Veränderungen von Verhaltensmustern sogar Modifikationen auf der Zellebene zur Folge haben. Das Soziale und das Genetische werden eng miteinander verknüpft: Die biologische und die kulturelle Evolution gelten als untrennbar miteinander verbunden.

> [...] biology enables culture, culture changes biology.[15]

Tatsächlich gibt es Formen des „Gehirnwissens", die sich z.B. im Darm, in unseren Muskeln oder in unseren Sinnen realisieren, und oft sind sie unbewusst. Wir besitzen Neuronen, die über unsere Eingeweide verteilt sind. Diese vorbewusste Kommunikation zwischen Körper und Gehirn,

---

14 „We are evolved for plastic response at many levels: developmental, behavioral, cognitive, and cultural". Barker 2015, S. 60.

15 Rutherford 2018, S. 139.

die vor allem für unsere Beziehung zu Anderen zuständig ist, verläuft über den Vagusnerv. Ausgehend vom Hirnstamm zieht er sich durch das Herz, die Lunge, die Nieren und den Darm.[16] Es scheint also, dass der Verstand nicht ausschließlich im Gehirn angesiedelt ist. Die Fähigkeit zur Veränderung, die unser Gehirn besitzt, ist größtenteils vorbewusst und eng mit den Emotionen verbunden. Jede Interaktion mit anderen, ob menschlich oder nicht, beinhaltet somit eine Ko-Regulierung, bei der Physisches und Soziales untrennbar zusammengehören. Dennoch fand das Wahrnehmungswissen des Körpers selten Eingang in unsere Vorstellungen von Wissen und Kultur, mit fatalen Auswirkungen auf unsere Beziehung zur natürlichen Welt.

Aber das ändert sich heute. Das liegt an einem neuen, sensorischen Ansatz bei der Erforschung der Kultur und unserer Beziehung zur Natur. Er wurde von der kognitiven Neurowissenschaft bestätigt, die nachwies, dass die strukturellen und funktionellen Eigenschaften des Gehirns von der ständigen Interaktion mit dem physischen Sein bestimmt sind. Wie bei anderen Praktiken auch, haben neue Handlungs- oder Wahrnehmungsweisen biologische und neuronale Konsequenzen. Daraus folgt, dass das Gehirn eine synaptische Formbarkeit beibehält und durch Handeln neue Verbindungen erlernen kann. Das Design der Natur hat folglich seine Spuren in der menschlichen Konstitution hinterlassen. Die menschliche Plastizität ist in einer Sensibilität verankert, die die von der Umwelt ausgehenden Schwingungen aufnimmt, ebenso wie die des sozialen Umfelds. Wie jeder andere Organismus sind wir darauf angelegt, Muster zu erkennen – eine Kompetenz, die das Überleben sichert. Diese Empfindlichkeit für die Dynamik der Natur erklärt sich daraus, dass unsere natürliche Umwelt – wie die anderer Gattungen auch – durch Zyklen und Rhythmen bestimmt ist, die uns gefährlich werden können. Kleinste Veränderungen rechtzeitig zu erkennen, um Vorsichtsmaßnahmen zu ergreifen – notfalls die Flucht –, ist vermutlich einer der Gründe, warum unser Gehirn darauf ausgerichtet ist, Muster zu erkennen, also rhythmische Wiederholungen von Formen. Dies erklärt sich aus der Rekurrenz von Mustern in der Natur. Solche in der Vielfalt der Phänomene auszumachen, zu analysieren und zu speichern,

16 Siehe Brooks 2019.

gehört zu unserem evolutionären Erbe. Wir beobachten derartige Muster, machen Erfahrungen damit und vor allem lernen wir daraus.

Kein Wunder also, dass Vibrationen der Umwelt beim Menschen neuronale Oszillationen hervorrufen, welche die Rhythmen des Gehirns mit den Rhythmen der Welt um uns herum synchronisieren.

> Muster sind für die menschliche Erfahrung elementar. Wir überleben, weil wir die Rhythmen der Welt spüren und auf sie reagieren können. [...] Die Sonne wird aufgehen, die Felsen werden fallen, das Wasser wird fließen. Diese und unzählige weitere vergleichbare Muster, denen wir von einem Moment zum nächsten begegnen, beeinflussen unser Verhalten tiefgreifend. Instinkte sind essentiell und Erinnerungen sind wichtig, weil Muster bestehen bleiben.[17]

Unser Gehirn ist darauf geschult, die rhythmischen Strukturen der Natur auszumachen und darauf zu reagieren. Laut Gregory Hickock, Professor für Kognitionswissenschaften an der Universität von Kalifornien Irvine, formt unser Gehirn jede empfangene Information um in regelmäßige rhythmische Strukturen. Die Existenz von Gehirnwellen ist seit den zwanziger Jahren des letzten Jahrhunderts bekannt. Damals wurden sie mithilfe der Elektroenzephalografie auf der Oberfläche der Kopfhaut als rhythmische elektrische Ströme gemessen. Diese frühen Entdeckungen veränderten jedoch nicht das wissenschaftliche Denken über die Natur der bewussten Wahrnehmung. Gehirnströme galten stets als Indikator mentaler Erfahrungen. In jüngster Zeit allerdings haben Wissenschaftler dieses Konzept umgekehrt. Sie erforschten die Hypothese, dass diese Rhythmen nicht die geistige Aktivität widerspiegeln, sondern deren *Ursache* sind. Sie helfen bei der Formung von Wahrnehmung, Bewegung, Gedächtnis und sogar Bewusstsein. Das bedeutet, dass unser Gehirn die Welt in pulsierenden Rhythmen, also in diskreten Zeitsegmenten, abtastet. Für das Gehirn ist die Erfahrung nicht kontinuierlich, sondern quantitativ und rhythmisch.[18]

---

17 „Patterns are central to human experience. We survive because we can sense and respond to rhythms of the world. [...] The sun will rise, rocks will fall, water will flow. These and uncountable collections of allied patterns we encounter from one moment to the next profoundly influence our behaviour. Instincts are essential and memory matters because patterns persist." Greene 2020, S. 160.

18 Vgl. Hickock 2015: „In letzter Zeit haben Wissenschaftler dieses Denken jedoch auf den Kopf gestellt. Wir erforschen die Möglichkeit, dass Gehirnrhythmen nicht nur eine Reflexion geistiger Aktivität sind, sondern eine URSACHE davon,

Dieses Bedürfnis unseres Gehirns, Informationen zu rhythmisieren, um einen Sinn daraus zu machen, lässt uns sogar Muster konstruieren, wo es gar keine gibt.

Angesichts dieser Erkenntnisse sollte man von den Rhythmen des Denkens, der Wahrnehmung und des Bewusstseins sprechen. Spätere Forschungen haben ein Spektrum dieser Rhythmen katalogisiert (Alphawellen, Deltawellen usw.), welche verschiedenen mentalen Zuständen wie Ruhe, Wachsamkeit oder Tiefschlaf entsprechen. Darüber hinaus variieren die Eigenschaften dieser Rhythmen je nachdem, welche Sinne beteiligt sind. Ob man etwas sieht oder hört, manifestiert sich rhythmisch unterschiedlich.

Das Wissen über den Körper, das in indigenen Kulturen hoch geschätzt wird, wird somit in der heutigen Neurowissenschaft neu entdeckt. Wenn Gehirn und Körper zusammen denken, löst sich die alte Unterscheidung zwischen Verstand und Gefühl ebenso auf wie die Dominanz des visuellen Sinns in der westlichen Kultur. Gehirnscans legen nahe, dass unsere Erfahrung der Welt stets multisensorisch ist. Um Muster über die Sinne wahrzunehmen, vermischen sich die Sinnesreize in einer verflochtenen und koordinierten Kartografie.

> Die entscheidenden Teile des Gehirns, die am Cross-Mapping einer Reihe von Sinneseingaben beteiligt sind, verleihen uns nicht nur unsere einzigartige Fähigkeit, Muster (vor allem Assoziationen) zwischen den Sinnen wahrzunehmen, sondern ermöglichen es uns auch, diese Fähigkeit und diese grundlegenden synästhetischen Wahrnehmungsmuster zu nutzen, um modalitätsfreie Abstraktionen (z.B. Metapher, Sprache, Mathematik und abstraktes und kreatives Denken) oder Muster von Mustern zu etablieren.[19]

---

die Wahrnehmung, Bewegung, Gedächtnis und sogar das Bewusstsein selbst mitgestaltet. Das bedeutet, dass das Gehirn die Welt in rhythmischen Impulsen abbildet, vielleicht sogar in diskreten Zeitsprüngen, ganz ähnlich wie die einzelnen Frames eines Films. Aus der Perspektive des Gehirns ist die Erfahrung nicht kontinuierlich, sondern quantisiert." Hervorhebung im Text.

19 „Crucial parts of the brain that are involved in cross-mapping a range of sensory inputs not only give us our unique ability to perceive patterns (over and above associations) across the senses, but also allow us to use this ability and these basic synesthetic perceptual patterns to establish modality-free abstractions (e.g. metaphor, language, mathematics and abstract and creative thought), or

Unser Sensorium ist keineswegs biologisch und universell, sondern eine kulturelle Formation, die sich in spezifischen Wahrnehmungstechniken manifestiert, welche nicht in allen historischen Perioden und Kulturen die gleichen sind. Selbst die Anzahl und Reihenfolge der Sinne wird durch Konventionen und nicht durch die Natur festgelegt. Die Geschichte und Anthropologie der Sinne zeigt ihre Vielfalt und eröffnet ein faszinierendes Forschungsfeld für das Verständnis von Kulturen, bis hin zu den sensorischen Grundlagen der Geschichte des Denkens.[20]

Das menschliche Sensorium auf fünf Sinne zu beschränken – oder auch auf sechs, wenn man die Propriozeption oder den Bewegungssinn hinzufügt – ist nur eine in den westlichen Kulturen seit der Neuzeit verbreitete Tradition. Und sie wird nicht von allen Gesellschaften geteilt. Die Cashinahua in Peru glauben zum Beispiel, dass das Wissen in der Haut, den Händen, den Ohren, den Genitalien, der Leber und den Augen lokalisiert ist. Sie gehen also von sechs Sinnen oder Wahrnehmungszentren aus. Für sie ist nicht das Gehirn, sondern der Körper die Quelle des Wissens. Bei den Cashinahua ist das „Hautwissen" jenes Wissen über die Umwelt – einschließlich der Verhaltensmuster von Tieren und anderen Menschen –, das man über die Haut erlangt – durch das Gefühl der Sonne, des Windes, des Regens und des Waldes. Es ist das Gefühl der Präsenz. Das Wissen der Haut ermöglicht einem beispielsweise, seinen Weg durch den Dschungel zu finden und Beutetiere aufzuspüren. Das Wissen der Hand hingegen ist das, was einen Mann dazu befähigt, mit Pfeil und Bogen auf ein Tier zu schießen oder einen Baum zu fällen, und eine Frau dazu, zu weben, zu töpfern und zu kochen. Die Augen sind der Ort des „Augengeistes", der das geistige Innere oder die Substanzen von Menschen, Tieren und Dingen sichtbar macht, im Gegensatz zu ihrer Oberfläche (die der Bereich des Hautwissens ist). Soziales Wissen wird durch das Gehör erworben und befindet sich in den Ohren. Dies spiegelt die zentrale Bedeutung der Mündlichkeit im sozialen Leben dieses Volkes wider. In der Leber fühlt man Freude und Kummer, Angst und Hoffnung, Misstrauen und Freude, daher

---

patterns of patterns." Williams/Gumtau/Mackness 2015, S. 49, zit. in: Casini 2018, S. 326.

20 Eine Zusammenfassung der jüngsten Forschung findet sich in Howes 2018.

der Begriff „Leberwissen“ für das Wissen über Emotionen. Das Wissen um die eigene Sterblichkeit und Unsterblichkeit, die „Lebenskraft“, hat seinen Sitz in den Genitalien.[21]

Selbst in Europa wurde im Mittelalter und noch im 16. Jahrhundert mehr auf Gerüche und Geräusche als auf das Sehen geachtet. Man könnte sogar von einem olfaktorischen „Niedergang“ des Abendlandes sprechen, und ein so kleines Objekt wie die Rose kann als Beispiel dafür dienen: Vor der Aufklärung wurde ihr Duft als das hervorstechende Merkmal der Rose angesehen. Danach erhielt der visuelle Aspekt der Rose mehr Aufmerksamkeit, und man opferte ihren Duft dem Bestreben, immer auffälligere Blumen zu züchten.[22]

Wie wir unsere Sinne gebrauchen, wie sie konfiguriert, kombiniert und bewertet werden, ist folglich alles andere als biologisch und universell. Die Sinne haben eine Geschichte, die viel über unsere Beziehung zur Natur aussagt. Die aktuelle neurobiologische Forschung in der Welt der Sinnesorgane unterteilt die fünf Sinne in weitere. Manche gehen von zehn Sinnen aus, auch die Zahl von einundzwanzig wird von einem großen Teil der wissenschaftlichen Gemeinschaft akzeptiert, aber es gibt Forscher, die dreiunddreißig annehmen.[23] Das klingt logisch, man denke nur an den Tastsinn, den diffusesten aller Sinne, der nicht in einem bestimmten Organ lokalisiert ist, sondern sich durch den Körper und sogar innerhalb des Körpers bewegt.

Der Gebrauch der Sinne spielt eine wichtige Rolle im Wissensmodell einer Kultur, bis hin zur Definition dessen, was dieses Modell überhaupt ausmacht. Unsere Wahrnehmungsgewohnheiten werden durch Übung verinnerlicht und teilweise unbewusst, und sie können sich ändern. Dies geschieht meist mit dem Aufkommen neuer Technologien. Die Sinne zu historisieren und in ihrer Beziehung zur Technologie in Verbindung zu verstehen, gehört zu den Aufgaben einer Anthropologie der Bescheidenheit. Dafür kehren wir zu einer Eigenschaft zurück, die über die Artengrenzen

21 Dieses Sinnesverständnis spiegelt die zentrale Bedeutung der Mündlichkeit im sozialen Leben der Cashinahua wider. Vgl. Kensinger 1995, zit. in: Howes 2018, Vol. 3, S. 3.

22 Siehe Classen 1994, wiedergegeben in: Howes 2018, Vol. 2, S. 3.

23 Vgl. Howes 2018, Vol. 3, S. 14.

hinweg geteilt wird: die Nachahmung. Sie hilft uns zu verstehen, wie unser Gehirn sein Wissen über die Welt aufbaut.

II.4. Mimikry und Synchronisation: ein artenübergreifendes Wissen

Durch Mimikry auf die Umwelt zu reagieren ist ein universelles Merkmal in der Natur. Auch andere Arten können simulieren. Mehr als reine Nachahmung, bildet die Mimikry eine Form der kreativen Anpassung an die Umwelt. Affen, unsere nächsten Verwandten in der Tierwelt, sind ja dafür bekannt, dass sie eine ausgeprägte mimetische Fähigkeit besitzen. Eine Affenrasse in Japan liefert den Beweis, dass dieses Verhalten nicht genetisch bedingt ist. Seit der Migration eines Teils dieser Rasse in die Wälder nahe der Küste, haben diese Affen damit begonnen, ihre Nahrung im Meer zu waschen, bevor sie sie essen. Dieses Verhalten, das ihren weit von der Küste entfernt lebenden Verwandten unbekannt ist, hat zwei Vorteile: Es sorgt nicht nur für saubere Nahrung voller Mineralien, sondern die Affen scheinen es auch zu mögen, ihrem Essen einen leicht salzigen Geschmack beizufügen. Mimikry gibt es aber auch bei Pflanzen. Einige Orchideen mimen eine weibliche Biene, um das Männchen zu motivieren, ihren Pollen zu transportieren. Sich ähnlich zu machen, bildet auch einen perfekten Verteidigungsmechanismus. Ein Fisch, der vor der Küste Mosambiks verbreitet ist, nutzt eine außergewöhnliche Technik, um seine Räuber zu täuschen: Er ahmt die Bewegung eines von der leichten Strömung aufgewirbelten Abfallfetzen nach.

Tierische Mimikry beschränkt sich jedoch nicht nur auf Überlebenstechniken. Sie erstreckt sich auch auf das Soziale und erklärt die Evolutionsbiologie des menschlichen Verhaltens. Freundschaftsbande zwischen Mitgliedern anderer Arten basieren weitgehend auf ihrer Fähigkeit, Gestik, Mimik und Verhalten der Individuen in ihrer Gruppe nachzuahmen. Soziale „Influencer“ sind selbst in Tiergemeinschaften zu finden. Ein Schimpansenweibchen aus dem Chimfunshi, einem Wildtierschutzgebiet in Sambia, begann damit, lange, steife Grashalme in ein oder beide Ohren zu stecken. Kurz darauf probierten es auch andere Schimpansen aus: zuerst ihr Sohn, dann zwei ihrer Freundinnen und schließlich auch andere Männchen der Gruppe. Nach langen Mühen, diese unbequeme

Technik der Selbstverschönerung zu erlernen, die keinerlei Nutzen hatte, außer, ihre Altersgenossen zu beeindrucken, führten sie diese Praxis selbst nach dem Tod der Erfinderin fort.[24]

Die Komplexität der Mimikry bei anderen Arten, die sich weit in ihr Sozialleben erstreckt, ist verblüffend und dem mimetischen Verhalten des Menschen sehr ähnlich. Tatsächlich beginnen Biologen und Neurowissenschaftler, den Begriff der Kultur zu erweitern: Wenn man Kultur als eine Reihe von Verhaltensweisen definiert, die von einer Gruppe geteilt und durch soziales Lernen innerhalb der Gruppe weitergegeben wird, dann ist sie auch im Tierreich und möglicherweise selbst bei Pflanzen zu finden. Diese Form der Verbreitung kultureller Information erfolgt dadurch, dass Individuen von Anderen mit mehr Erfahrung lernen, oder wenn sie bestimmte Verhaltensmuster als lokale Norm akzeptieren. Und es ist die Mimikry, die diese kulturelle Informationsübertragung sichert.[25]

Wie die meisten anderen Arten lernen wir vor allem durch Nachahmung. Diese Konstante in unserer Evolution wiederholt sich im mimetischen Lernprozess jeder Kindheit. Er beruht auf einer Gabe, die wir mit anderen Arten, vor allem mit Tieren, teilen: der Fähigkeit zu spielen. Von der klassischen Anthropologie lange Zeit unterschätzt, wurde die Mimikry in der Moderne wiederentdeckt. Walter Benjamin beispielsweise ging davon aus, dieser in der Natur grundlegende Prozess sei auch für den Menschen von höchster Bedeutung.[26] Verstehen, indem man sich ähnlich macht, indem man Analogien sucht oder die Handlungen Anderer imitiert: Für den Kulturhistoriker beinhaltet die mimetische Fähigkeit einen Wahrnehmungs- und Interaktionsstil, der den Dualismus von Subjekt und Objekt auflöst. Spiel und Tanz seien der bevorzugte Ausdruck dieser

---

24 Siehe Angier 2021.

25 Wie von einer Gruppe von Biologen und Neurowissenschaftlern in der Zeitschrift „Science" vorgeschlagen. Siehe Van de Waal/Borgeaud/Whiten 2013, S. 483-485.

26 „Die Natur erzeugt Ähnlichkeiten; man denke nur an die Mimikry. Aber die größte Fähigkeit zur Produktion von Ähnlichkeiten hat der Mensch. Ja, vielleicht gibt es keine seiner höheren Funktionen, die nicht entscheidend von der mimetischen Fähigkeit bestimmt ist. Aber diese Fähigkeit hat eine Geschichte, sowohl im phylogenetischen als auch im ontogenetischen Sinne. Was letztere betrifft, so ist das Spiel in vielen Dingen seine Schule". Benjamin 1977a, S. 204.

Mimikry, die alle Sinne einbezieht. Hier fänden sich noch die Überreste jener Fähigkeit, deren Ursprung in alten Kultpraktiken liegt und von einer mimetischen Beziehung zur Natur zeugen. Obwohl sie auf der elementaren Praxis des „sich ähnlich Machens" beruht, sei die mimetische Fähigkeit des Menschen weit mehr als bloße Nachahmung. Sie beinhaltet eine multimodale und komplexe Wahrnehmung. Im Laufe des Zivilisationsprozesses bliebe von der ursprünglichen Fähigkeit, sich ähnlich zu machen – dem „Anverwandeln" – nur noch die Fähigkeit, unbewusst Analogien, Ähnlichkeiten und Entsprechungen wahrzunehmen. Das Erkennen von Mustern durch Assoziationen über eine multisensorische Wahrnehmung ist Ausdruck dieses „mimetischen Vermögens" wie Benjamin es nannte. Es liege jeder Abstraktion und jedem intellektuellen Transfer zugrunde. Die aktuelle Neurowissenschaft bestätigt Benjamins Intuition, sie bilde die Basis aller Formen höherer Intelligenz. Wie wir gesehen haben, beschreibt die Neurobiologie die menschliche Wahrnehmung als das Ergebnis eines Aktivitätsmusters.[27] Wissenschaft und Kunst basieren auf unserer Fähigkeit, diese elementaren Muster wahrzunehmen, vor allem durch Assoziationen, die über die verschiedenen Sinne zustande kommen. Die Teile unseres Gehirns, die es uns ermöglichen, Muster wahrzunehmen, ermöglichen es uns auch, sie zu nutzen, um Abstraktionen, wie Metaphern, Sprache, Mathematik und abstraktes und kreatives Denken zu realisieren, die im Grunde nichts anderes sind als „Muster von Mustern".[28]

Ein erweitertes Verständnis von Wissen und der Kontinuität der Wesen schließt also keineswegs aus, dass Menschen besondere Verfahren

---

27 Vgl. Hughes 2001, S. 7, zit. in: Howes 2018, Vol. 3, S. 7: „Die Ereignisse, die in der Wahrnehmung gipfeln, beginnen mit spezialisierten Rezeptorzellen, die eine bestimmte Form von physikalischer Energie in bioelektrische Ströme umwandeln. Verschiedene Sensoren reagieren auf unterschiedliche Arten von Energie, sodass die Eigenschaften der Rezeptorzellen die Modalität des sensorischen Systems bestimmen. Ionenströme sind die Währung der neuronalen Informationsverarbeitung, und die Stromflüsse, die in den Rezeptoren beginnen, werden durch komplexe Netzwerke miteinander verbundener Neuronen weitergeleitet und letztlich im Ergebnis in einem Muster der Gehirnaktivität, das wir Wahrnehmung nennen."

28 Vgl. Williams/Gumtau/Mackness 2015, S. 48-54, 2015, zit. in: Casini 2018, S. 326.

entwickelt haben. Die Plastizität, die wir mit anderen Wesen teilen, beruht auf der spezifischen Form, in der sich dieses gemeinsame Merkmal in unserer Evolution entwickelt hat. Dabei spielt die Nachahmung eine entscheidende Rolle. Wir lernen nicht nur durch Mimikry und üben sie unbewusst aus, um uns mit einer anderen Person zu synchronisieren, sondern mehr noch, die innere Simulation bildet einen elementaren Prozess unseres Gehirns. Wenn es mit neuen Situationen konfrontiert wird, nimmt das Gehirn die Informationen auf, indem es sie mit dem Gedächtnis abgleicht, um Vorhersagen zu generieren. Wir nehmen also nur wahr, was wir kennen: Wir erinnern uns an vergangene Strukturen und Handlungen, um sie mit der aktuellen Situation zu vergleichen. Nachahmen und Simulieren ermöglicht es uns somit, zukünftige Handlungen in der Vorstellung anhand vergangener Erfahrungen zu antizipieren. Dies ist keineswegs ein rein intellektueller Prozess, sondern geschieht in enger Verbindung mit dem Körpergedächtnis und den Emotionen, die uns dabei helfen, Urteile zu lenken und zukünftige Verhaltensweisen anzunehmen. In diesem Prozess entstehen Erinnerungsbilder, die wir von einer antizipierten Zukunft produzieren. Die imaginäre Simulation ist eine der zum Teil vorbewussten Aktivitäten unseres Gehirns. Imagination und die Konstruktion von Zukunft sind daher direkt miteinander verbunden.[29] Die Imagination bildet die Basis der menschlichen Neuroplastizität. Sie ermöglicht, unser Verhalten zu ändern, um auf neue Herausforderungen zu reagieren. Die aktuelle Neuropsychologie bestätigt, dass Imagination und Intelligenz zusammengehören. In diesem Sinne ist das Imaginäre nicht der andere Pol des „Realen“, sondern steht am Anfang jeder Realitätskonstruktion. Mit aller gebotenen Vorsicht könnte man nun definieren, was die menschliche plastische Intelligenz von der anderer Wesen unterscheidet:

29 Vgl. Tucker 2015, S. 233: „Neurologically, the act of imagining is a lot like the act of remembering. That means our mental constructs of the future are a direct extension of our lived experience, a fact of neurological functioning that is central to the way we live and organize our lives.“ („Neurologisch gesehen ist der Akt des Imaginierens dem Akt des Erinnerns sehr ähnlich. Das heißt, unsere mentalen Konstrukte der Zukunft sind eine direkte Erweiterung unserer gelebten Erfahrung, eine Tatsache der neurologischen Funktionsweise, die für die Art und Weise, wie wir leben und unser Leben organisieren, von zentraler Bedeutung ist.“)

> Nur Menschen, so scheint es, können sich ausreichend von ihrer eigenen Weltsicht lösen, um einerseits fiktive Literatur und andererseits Wissenschaft und Religion hervorzubringen. Fiktive Literatur verlangt von uns, dass wir uns in die Lage eines anderen versetzen, die Welt aus dessen Perspektive sehen können, um uns vorzustellen, wie er (nicht ich, sondern er) sich unter einer hypothetischen Reihe von Umständen verhalten würde. [...] Auch die Wissenschaft verlangt von uns, dass wir uns von unserer unmittelbaren Perspektive auf die Welt lösen können, ebenso wie die Religion, aber sie tun dies auf eine andere Art und Weise. Sie verlangen von uns, dass wir in der Lage sind, einen Schritt zurückzutreten und uns zu fragen: „Warum passiert das? Warum ist die Welt so, wie sie ist?“[30]

Wir sind nicht nur in der Lage, die Welt aus der Perspektive eines anderen zu betrachten – offenbar tun dies auch einige Tiere wie Affen und Ratten –, sondern wir sind fähig, eine imaginäre Welt zu erschaffen, aus der sich Wissenschaft, Religion und Kunst gleichermaßen speisen. Um unsere spezifische Plastizität zu begreifen, ist Kunst ein relevantes Merkmal in der Evolution des Menschen. Obwohl ästhetisches Vergnügen und ästhetische Praktiken über Artengrenzen hinweg zu finden sind, scheint der Mensch das einzige Wesen zu sein, das Kunst hervorbringt. Sie bildet eine Form der Organisation von Mustern, die uns von anderen Arten unterscheidet.[31]

---

30 „Only humans, it seems, can detach themselves sufficiently from their own view of the world to produce, on the one hand, fictional literature and, on the other hand, science and religion. Fictional literature requires us to be able to think ourselves into someone else's mind, to be able to see the world from their point of view so as to imagine how he (not me, but he) would behave under a hypothetical set of circumstances. [...] Science, too, requires us to be able to detach ourselves from our immediate perspective on the world, as does religion, but they do so in a different kind of way. They require us to be able to stand back and ask 'But why does that happen? Why is the world like that?'“ Dunbar 2016, S. 70.

31 Vgl. Greene 2020, S. 223: „If creating and consuming works of the imagination were a recent addition to human behavior, or if these activities were only rarely practiced across human history, it is unlikely they would reveal universal qualities of our evolved human nature. [...] But the fact is, far into the past and clear across lands inhabited, we have been singing and dancing and composing and painting and sculpting and carving and writing. Cave paintings and elaborate burial goods, [...] date from as far back as thirty to forty thousand years ago. Etchings and artifacts that show evidence of artistic expression have been discovered from a few hundred thousand years earlier. We are faced with a behavior that is pervasive and yet, unlike eating and drinking and procreating, doesn't

Die in den Höhlen gefundenen Zeichnungen belegen dies seit den Anfängen des Menschen, ebenso wie das Fortbestehen von Mythen und Erzählungen. Sie sind nichts anderes als Muster, die unsere Erfahrungen mit der Welt strukturieren. Wir suchen nach wiederkehrenden Strukturen – also nach Mustern –, um die Welt zu verstehen. Auf der Suche nach Kohärenz und um zukünftige Möglichkeiten in Betracht zu ziehen, stellen wir uns Modelle vor oder erfinden sie.

Um erfolgreiche Verhaltensmuster zu erkennen und im kollektiven Gedächtnis zu bewahren, organisieren wir unsere Erfahrungen vor allem durch Erzählungen. Deshalb hat unsere Spezies nie aufgehört, Geschichten zu erzählen und zu hören, von alten Mythen bis hin zu aktuellen Science-Fiction-Filmen.

> Wir suchen nach Modellen, erfinden Modelle und stellen uns Modelle vor, indem wir Zusammenhänge erkennen und Möglichkeiten in Betracht ziehen. Durch Erzählungen bringen wir zum Ausdruck, was wir finden. Dies ist ein fortlaufender Prozess, der im Zentrum der Art und Weise steht, wie wir unser Leben organisieren und der Existenz einen Sinn verleihen.[32]

---

wear its survival value on its sleeve." („Wenn das Schaffen und der Konsum von Werken der Phantasie ein neuer Zusatz zum menschlichen Verhalten wäre oder wenn diese Aktivitäten im Laufe der Menschheitsgeschichte nur selten ausgeübt wurden, ist es unwahrscheinlich, dass sie die universellen Qualitäten unserer entwickelten menschlichen Natur offenbaren. [...] Tatsache ist jedoch, dass wir weit in der Vergangenheit und klar über die bewohnten Länder hinweg gesungen und getanzt und komponiert und gemalt und geschnitzt und gemeißelt und geschrieben haben. Höhlenmalereien und aufwendig gestaltete Grabstätten, [...] stammen aus der Zeit vor dreißig- bis vierzigtausend Jahren. Gravierende Wasserläufe und Artefakte, die Beweise für künstlerischen Ausdruck zeigen, wurden einige hunderttausend Jahre früher entdeckt. Wir sind mit einem Verhalten konfrontiert, das allgegenwärtig ist und dessen Überlebenswert – im Gegensatz zu Essen, Trinken und Fortpflanzung – dennoch nicht offensichtlich ist.")

32 „Whether dealing with fact or fiction, the symbolic or the literal, the storytelling impulse is a human universal. We take in the world through our senses, and in pursuing coherence and envisioning possibility we seek patterns, we invent patterns and we imagine patterns. With story we articulate what we find. It is an ongoing process that is central to how we arrange our lives and make sense of existence." Greene 2020, S. 181.

Sich eine mögliche Welt jenseits der bestehenden vorzustellen, ist nicht auf die Kunst beschränkt, aber letztere verschafft einen privilegierten Zugang zu noch unbekannten Erfahrungen. Die Kunst ist das bevorzugte Terrain für eine Vorstellungskraft, die alle Möglichkeiten erforscht, die erfindet, was nicht existiert, und so den Geist öffnet für innovative Kreativität. In Kontinuität mit Mythen, Erzählungen, Träumen und Ritualen bildet die Kunst zudem ein großes und althergebrachtes Reservoir für die ökologische Vorstellungswelt. Sie bildet das Fundament für eine Anthropologie der Bescheidenheit, denn sie ermöglicht das spielerische Erforschen neuer Formen des Zusammenlebens mit der nichtmenschlichen Welt. Um uns wieder in das große Konzert der Wesen einzugliedern, mit ihnen zu kommunizieren und zu interagieren, ist diese Quelle unersetzlich, obwohl wir im Verlauf einer langen Geschichte der Zivilisation viel von dem dafür notwendigen Know-How verloren haben.

Kapitel III. Imagination von anderen Arten oder ein unverhofftes Wiedersehen mit der entfremdeten Verwandtschaft

Trotz all der Tintenwolken, die von der jüdisch-christlichen Tradition zu ihrer Verschleierung versprüht wurden, ist keine Situation tragischer und verletzender für Herz und Verstand als die einer Menschheit, welche mit anderen Arten auf einer Erde existiert, mit denen sie aber nicht kommunizieren kann. Nur zu verständlich, daß die Mythen sich weigern, diesen Makel der Schöpfung für ursprünglich zu halten, und darin den Beginn des Menschseins in all seiner Gebrechlichkeit erkennen.[1]

III.1. Metamorphosen in eine andere Spezies: auf der Suche nach einer verlorenen Beziehung

Seit der Mensch sich zum Herrscher über die Natur aufschwang, verurteilte er damit seine Spezies zur Einsamkeit. Die lange Geschichte einer ausgebeuteten Natur war jedoch stets von dem Wunsch begleitet, die tragische Trennung des Menschen von den anderen Wesen aufzuheben. In allen Epochen und Kulturen finden wir Menschen, die sich – wenn auch nur vorübergehend – in ein Tier oder sogar eine Pflanze verwandeln wollten. Vielleicht ist dieser Wunsch nach Rückkehr zu unseren evolutionären Wurzeln in den tieferen Schichten unseres Wesens verankert, wo Spuren von Pflanzen und Tieren fortbestehen.

Wie um die Verluste eines Zivilisationsprozesses auszugleichen, der den Menschen von Tieren und Pflanzen entfremdete, durchzieht das Imaginäre von Tieren und Pflanzen die Geschichte und die Kulturen aller Zeiten. Spuren davon finden sich sowohl in Mythen wie auch in Wissenschaft, Religion und Kunst. Dieses Imaginäre zu rekonstruieren und zu nähren, gehört zur Kritik des Anthropozentrismus. Es motiviert eine neue Beziehung des

1 Lévi-Strauss/Eribon 1988, S. 193.

Menschen zur Natur, die unser Bild von der Welt wie von uns selbst von Grund auf verändern wird.

In der Genealogie unseres Naturverhältnisses führte das Imaginäre anderer Arten seit Jahrtausenden zu Praktiken der Zusammenarbeit mit den nichtmenschlichen Wesen. Heute ermöglicht es uns, den Platz des Homo sapiens in einer Welt ins Auge zu fassen, die andere Gattungen mit einbezieht. Daher ist dieses Imaginäre eine wichtige Stütze für die Anthropologie der Bescheidenheit. Viele alte Mythen erzählen von Menschen, die sich in Tiere oder Pflanzen verwandeln, und zahlreiche Romane und Filme tun das noch heute. Bekannte Beispiele dafür sind die Geschichten über Werwölfe. Sie drehen sich meist um die ambivalente Struktur einer gleichzeitigen Anziehung wie auch Angst vor einer Verwandtschaft mit diesen hybriden Wesen.

Aber auch sonst projizieren wir unsere Erfahrungen und Gefühle gerne auf andere Spezies. Zuweilen nimmt diese Empathie erstaunliche Formen an. Wie bei einem englischen Professor vor einigen Jahren, der – von Tieren fasziniert – von sich behauptete: „I want to know what it is like to be a wild thing" (Ich will wissen, wie es ist, ein wildes Wesen zu sein).[2] Auf der Suche nach einem sinnlichen und viszeralen Wissen über die Erfahrung einer anderen Gattung, stellte Charles Foster eine Reihe von Experimenten an, und nahm sich selbst als Forschungsobjekt. Im Versuch, sich in einen Dachs, einen Fuchs oder einen Otter zu verwandeln, ging er auf allen Vieren und ahmte die Art und Weise nach, wie diese Tiere ihre Umgebung erlebten. Mehrere Wochen lang aß er Würmer und lebte in einem unterirdischen Bau, während er das Gebiet der Dachse olfaktorisch kartierte. Um die städtischen Füchse zu verstehen, durchstreifte er die Außenbezirke Londons, suhlte sich in seinen eigenen Exkrementen und ernährte sich von Essensresten, die er auf der Straße fand.

Derartige Versuche, in die Welt nichtmenschlicher Wesen einzutauchen und mit ihr zu verschmelzen, erscheinen ein wenig bizarr. All unsere Sehnsucht nach Teilhabe und Verstehen der anderen Gattungen vermag die Fremdheit nicht aufzuheben, die uns von ihnen trennt. Oder, um es in den Worten der österreichischen Schriftstellerin Marlen Haushofer zu

---

2 Foster 2016.

formulieren: „ein Mensch kann niemals ein Tier werden, er stürzt am Tier vorüber in einen Abgrund.“[3]

Zu glauben, dass uns Tiere oder Pflanzen ähnlich sind, ist eine Haltung, die oft als „anthropomorphistisch“ bezeichnet wird. Der Begriff bedeutet „menschliche Form“ und stammt von Xenophon. Im fünften Jahrhundert v. Chr. warf der griechische Philosoph der Dichtung Homers vor, sie lasse die Götter den Menschen ähneln. Später kritisierte das Konzept des Anthropomorphismus die Projektion menschlicher Eigenschaften und Erfahrungen auf andere Spezies. Zu glauben, dass Menschen und andere Wesen gemeinsame Attribute teilen, ist jedoch nicht unbedingt Anthropomorphismus. Angesichts der Fortschritte in der vergleichenden Genomik, der Verhaltensökologie und der Neurobiologie stellt sich die Frage, ob das gesamte Konzept des Anthropomorphismus nicht auf der Idee des menschlichen Exzeptionalismus beruht. Gesellschaften, die traditionell als „animistisch“ bezeichnet werden, kennen solche grundlegenden Unterscheidungen zwischen den Wesen gar nicht. Sie pflegen soziale Beziehungen zu Tiergemeinschaften, die auf geteilten Normen beruhen. Diese Menschen gehen davon aus, dass die Welt aus menschlichen und nichtmenschlichen Kollektiven besteht, die untereinander verwandtschaftliche Beziehungen unterhalten.[4] Für diese Eingeborenen besitzt jede Spezies ihr eigenes Kollektiv. Die Tschuktschen in Ostsibirien beispielsweise ordnen Tiere und Pflanzen besonderen Clans zu, mit all der Komplexität des Lebens und der sozialen Beziehungen, die dazu gehören.

Die imaginäre Empathie, die es uns auch heute noch ermöglicht, die Welt aus der Perspektive einer anderen Spezies zu sehen, liegt an der Koevolution mit diesen Wesen, die seit Jahrtausenden unsere Sensibilität geformt hat. Der Natur zuhören zu können bedeutet, ihr eine Stimme zu verleihen.

---

3 Haushofer 2004, S. 44.

4 Vgl. Descola 2005, S. 428: „Bei den Wari’ in Brasilien wird ein Mensch zum Schamanen, wenn ein Tiergeist (jami karawa) ihm Elemente seiner Nahrung einpflanzt, die er, in seinem Körper verteilt, mit sich führt: in der Regel sind das Hülsen des Annattos, Samen oder Früchte. Durch diese Handlung, die darauf hinausläuft, eine Gastbeziehung herzustellen, knüpft der Tiergeist eine mächtige Verbindung mit einem Menschen, die es diesem ermöglicht, die Hilfe und den Beistand der entsprechenden Spezies zu erhalten.“

Die Vielfalt ihrer Stimmen zu erkennen und zu entschlüsseln, war in alten und indigenen Kulturen täglich Brot und Überlebensstrategie. Der Umgang mit anderen Wesen basierte auf einer Ökologie des Austauschs. Oft ist es der Schamane, der ein wichtiges Bindeglied zwischen Menschen und anderen Wesen bildet: Er soll in der Lage sein, sich in eine Pflanze oder ein Tier zu verwandeln, um so ständig zwischen menschlichen und anderen Kollektiven zu wandern.[5] Schamanen können sich angeblich gar Flügel wachsen lassen, um Zeit und Raum zu überbrücken. Das gelingt ihnen mithilfe von Drogencocktails aus Kräutern, über Meditation und komplexen Körpertechniken, die verschiedene Formen von Ekstase, Halluzination oder Tagträume hervorrufen. Diese Wahrnehmungs- und Bewusstseinszustände verändernden Praktiken sind so alt wie die Menschheit. In den meisten dieser Kulturen ist die strikte Unterscheidung zwischen ekstatischen Wahrnehmungsformen und dem, was die westliche Zivilisation als „normal" zu bezeichnen pflegt, sehr viel verschwommener und kontinuierlicher. Ekstatische Wahrnehmungen sind durch eine fast synästhetische Vereinigung der Sinne charakterisiert, die Zugang zu einer integralen Sicht der Welt verschafft. Noch heute nennen einige indigene Kulturen diese Auflösung eines feststehenden Identitätsbewusstseins „das höhere Selbst". Sie unterscheiden zwischen einem stabilen individuellen Identitätsprinzip, das sich durch entsprechende Mittel und Formen ausdrückt, und einer vorübergehenden und temporären Erscheinung, vergleichbar der Kleidung, die man je nach Umständen wechselt. Das ermöglicht die Interaktion mit anderen Spezies und gehört zu einem ganzen Arsenal von Fähigkeiten im Umgang mit ihnen.

Schamanen sind jedoch vor allem Hüter des ökologischen Gleichgewichts, indem sie sicherstellen, dass die Subsistenzpraktiken der Menschen das Wohlergehen der Nichtmenschen nicht gefährden.[6] Seit Urzeiten gilt für diese Gemeinschaften der Grundsatz, dass kein Teil des Kreislaufs, der das prekäre Gleichgewicht der Natur ausmacht, herausgenommen werden kann, ohne den gesamten Kreislauf zu gefährden.[7] Das erweist sich in der

5 Vgl. ebd., S. 367.
6 Siehe ebd., S. 31-32.
7 Vgl. Merchant 1980, S. 292-295.

Beziehung zwischen Jäger und Wild in diesen Kulturen. Sie bildet einen ständigen Dialog zwischen dem menschlichen und dem tierischen Subjekt, in dessen Verlauf beide sich gegenseitig in ihren spezifischen Identitäten und Zielen konstituieren. Dieses Wissen über Kooperation, strategische Allianzen und die aktive Aufrechterhaltung eines ökologischen Gleichgewichts mit Tieren und Pflanzen war vor allem ein praktisches Wissen. Jeder nimmt teil und trägt zum Erhalt des gesamten gemeinschaftlichen Lebensraums bei. Diese über Jahrtausende gültige Logik der Interaktion mit der Natur wandelte sich mit der Entwicklung neuer Techniken, die die Beziehung des Menschen zur Materie und zu den Wesen grundlegend veränderten. Das gilt für die Domestizierung von Pflanzen oder Tieren, die einen entscheidenden Bruch zwischen dem Menschen und den Nichtmenschen zur Folge hatte.[8] Sie vermochte aber nicht, die Kommunikation und Kooperation zwischen den Arten ganz zu zerstören. Einige dieser alten Fähigkeiten haben in den westlichen Gesellschaften bis ins Industriezeitalter überlebt und animieren eine epochenübergreifende ökologische Vorstellungswelt. Die Tradition der Zusammenarbeit mit Nichtmenschen wurde im Prozess der Entstehung des modernen Subjekts weitgehend vergessen und verdrängt. Sie machte der Vorstellung Platz, dass die menschliche Kultur auf der Unterwerfung der Natur aufbaut. In diesem Prozess gehen Instrumentalisierung und Angst vor der Natur Hand in Hand. Noch im 18. Jahrhundert – mitten in der Aufklärung – wurden „Hexen"-Frauen auf dem Scheiterhaufen verbrannt, weil sie mit Pflanzen und Tieren des Waldes kommuniziert oder „Sex mit dem Teufel in Wolfsgestalt" praktiziert hätten. Diese Frauen waren die Hüterinnen eines uralten Wissens, das von den Machthabern als gefährlich eingestuft wurde. Wie die Schamanen kannten sich die „Hexen" gut mit den heilenden und berauschenden Substanzen der Pflanzen aus, die Teil der alten Naturkulte waren. Die nächtlichen Flüge der Hexen auf einem Besen, – die die Vorstellungswelt der Hexen ausmachen, – beziehen sich auf die halluzinogene und psychoaktive Kraft der Pflanzen. Dieses verbotene dionysische Wissen fand in abgewandelter und domestizierter Form Eingang in die Pharmakologie des

8 Siehe Descola 2005, S. 556ff.

16. Jahrhunderts, als der Alchemist Paracelsus – ein bekennender Zauberlehrling – das Narkotikum „Laudanum“ erfand.[9]

III.2. Das Imaginäre der Pflanzen

III.2.1. Der Baum als Vorfahre des Menschen

„Das imaginäre Leben, das in Sympathie mit der Pflanze gelebt wird, könnte ein ganzes Buch füllen“[10], konstatierte Gaston Bachelard. Die „Botanik des Traums“[11] müsse erst noch geschrieben werden. Die imaginäre Bedeutung der Pflanzen und die Idee einer Kontinuität zwischen den Wesen haben eine lange Geschichte, in der dem Baum eine privilegierte Stellung zukommt. Seit der Antike ist er Symbol für eine Lebensgemeinschaft. Der Psychoanalytiker Carl Gustav Jung zählte ihn zu den Archetypen. Zu Beginn des 20. Jahrhunderts träumte der Dichter Rainer Maria Rilke von einem dynamischen Austausch zwischen Mensch und Baum, eine Kommunikation über Artengrenzen hinweg, die sich über multisensorische Schwingungen vollzieht.

> Es schien, als ob sich im Inneren des Baumes fast unmerkliche Schwingungen auf ihn übertrügen… Es war ihm, als sei er noch nie von sanfteren Bewegungen bewegt worden, sein Körper fühlte sich an, wie von einer Seele behandelt und fähig, einen solchen Eindruck aufzunehmen, der in der Wirklichkeit alltäglicher physischer Bedingungen nicht einmal erfahrbar wäre.[12]

Rilke vermochte diese, all seine Sinne berührende Erfahrung nicht zu lokalisieren.[13] Der Dichter träumte von einem gemeinsamen Leben mit

---

9 Siehe Pollan 2001, S. 174.

10 „La vie imaginaire vécue en sympathie avec le végétal réclamerait tout un livre.“ Bachelard 1994, S. 231.

11 Ebd., S. 232.

12 „C’était comme si, à l’intérieur de l’arbre, des vibrations presque imperceptibles avaient passé en lui… Il lui semblait n’avoir jamais été animé de mouvements plus doux, son corps en était en quelque sorte traité comme une âme et mis en état d’accueillir un degré d’influence qui, dans la netteté ordinaire des conditions physiques, en réalité n’aurait même pas été ressenti.“ Rainer Maria Rilke, *Fragments en Prose*, zit. nach Bachelard 1994, S. 236.

13 Vgl. Rilke in Bachelard 1994, S. 237: „[…] il ne réussissait pas bien à définir le sens par lequel il recevait un message à la fois aussi ténu et aussi étendu.“ („[…]

der Pflanzenwelt in einer Art synästhetischen Erfahrung. Das ist nicht verwunderlich: Bäume sind die Orte des Lebens. Viele alte Erzählungen entwerfen eine direkte Verwandtschaft zwischen dem Menschen und der Pflanzenwelt. Einem Mythos der griechischen Antike aus dem ersten Jahrhundert v. Chr. zufolge stammen die Menschen von den Bäumen ab. Die in der griechischen Kultur verbreitete „Dendrogonie" sah in den Eichen die ersten Mütter des Menschen.[14]

Aber auch das Gegenteil war möglich: Menschen verwandelten sich in Bäume. So in den Pflanzenmetamorphosen, von denen Ovid erzählt, wie beispielsweise die der Nymphe Daphne. (Abb. 6) Vom Gott Apollon verfolgt, der sie vergewaltigen wollte, rief sie den Fluss, ihren Vater um Hilfe, der sie in einen Lorbeerbaum verwandelte. In zahlreichen Mythen finden wir ähnliche Geschichten, wie die der Myrrha, die von ihrem inzestuösen Vater bedrängt zu dem Baum wurde, der seither ihren Namen trägt.[15]

Der Baummensch zeugt von unserer Sehnsucht nach einer verlorenen Nähe zu den Pflanzen. Diese einst enge Verbindung zeigt sich im kosmischen Baum, dem Symbol für die Gesamtheit des Lebens, das vom Ägypten der Pharaonen bis nach China oder dem alten Mexiko zu finden ist. Der Baum beinhaltet eine Vision des Lebens: Der Rhythmus der Vegetation steht für die Lebenszyklen des Menschen, für die Idee der Regeneration und des Ursprungs der Welt. In der griechischen Antike war Dionysos, der Gott des Weins, zunächst der Gott des Pflanzensafts.[16] Sein Kult feierte jene rhythmische Erneuerung, bei der Ordnung und Chaos, Leben und Tod zusammenfallen.

Auch die heidnischen Traditionen in Europa bezeugen die Nähe zwischen Mensch und Pflanze. So gehörten die heiligen Eichen der

---

es gelang ihm kaum, den Sinn zu definieren, über den er eine ebenso so zarte wie umfassende Botschaft empfing.")

14 Siehe Demandt 2002, S. 73.

15 Siehe Brosse 1989, S. 199ff.

16 Er „steigt in jedem Frühling aus der Erde auf, erweckt die Bäume zum Leben, lässt sie mit Blättern und Blüten bedeckt sein. Herr der Früchte, sind ihm die Feige und der Granatapfel geweiht, die saftigsten unter ihnen, die voll sind von dem sonnenerwärmten und süßen Saft." Ebd., S. 134-135.

Germanen dem Gott Donar, Herrscher über die Atmosphäre, über Donner und Blitz, Wind und Regen, gutes Wetter wie die Ernte.[17] Im gesamten vorchristlichen Europa wurde der Kult der Eiche praktiziert, der sogar bis ins Christentum fortlebte.

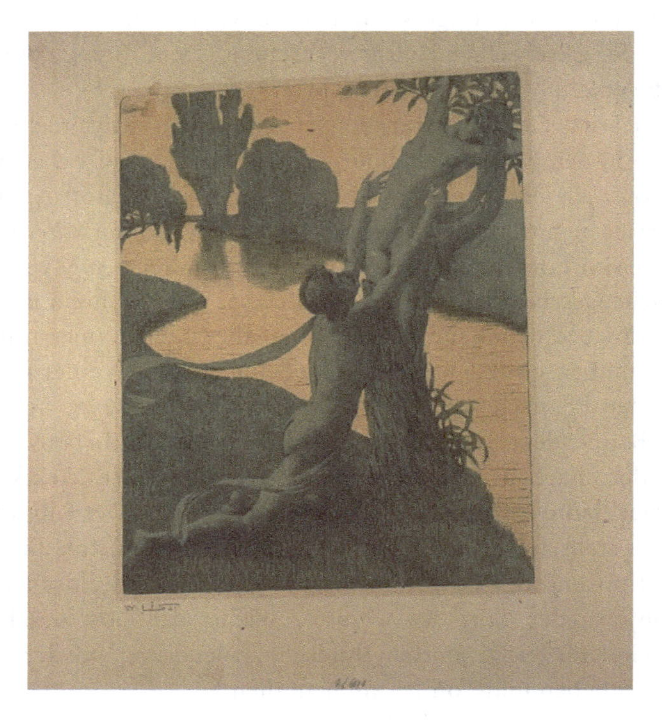

Abb. 6: Wilhelm List: Daphne, 1899. In: Ausstellungskatalog „Ich bin eine Pflanze" 2015, S. 44

17 Vgl. ebd., S. 97.

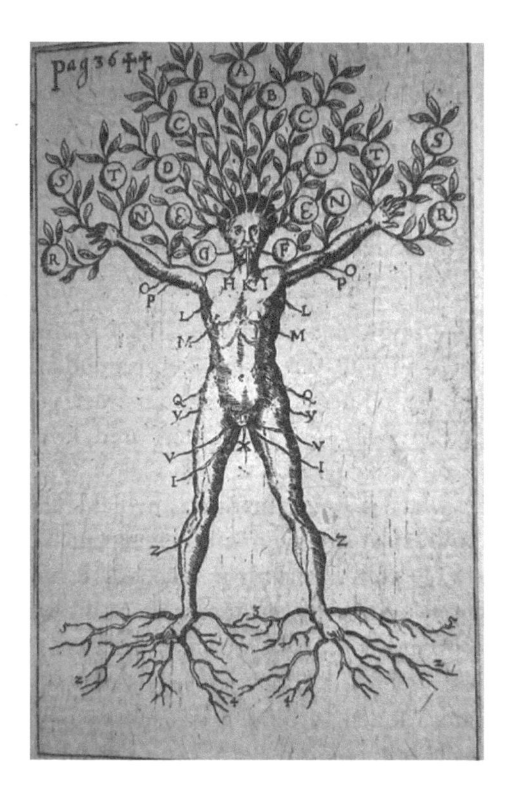

Abb. 7: Unbekannter Künstler: Anthropomorphe Menschen-Baum-Gestalt. O.J.

Der Baummenschenglaube fand eine seltsame Fortsetzung in einem medizinischen Buch aus dem 17. Jahrhundert. Im *Compendium anatomicum nova methodo institutem* des Arztes und Astrologen John Case, von 1696 ist ein Baummensch abgebildet. Aus seinem Kopf und seinen Armen wachsen Äste mit Blättern und seine Füße sind im Boden verwurzelt. Anhand dieser Illustration erklärt der Autor das System der Venen, und der Blutgefäße, die hier wie Äste und Wurzeln aus dem Boden wachsen. (Abb. 7)[18] Schon zu seiner Zeit hielten die meisten seiner Ärztekollegen

18 Diese Illustration findet sich im Ausstellungskatalog des Kunstmuseums Ravensburg: „Ich bin eine Pflanze." Naturprozesse in der Kunst, 2015, S. 12.

Dr. Case für einen Scharlatan. Dennoch haben Pflanzen nie aufgehört, die wissenschaftliche Gemeinschaft zu faszinieren.

III.3. Die Bedeutung der Sinne für die Imagination anderer Spezies

III.3.1. Die Industrialisierung des Ohrs und der Verlust der Stimmen der Natur

Wir haben die Bedeutung der Sinne für unsere Beziehung zur Natur oft unterschätzt. Die Geschichte der artenübergreifenden Vorstellungswelt und die Geschichte der Sinne sind tief miteinander verwoben. Wie wir unsere Sinne einsetzen, wie sie konfiguriert und kombiniert, ja sogar geschätzt werden, unterscheidet sich je nach Kultur und historischer Epoche und ihren jeweiligen Kommunikationsmedien. Ob wir dem Auge, dem Ohr oder dem Tastsinn den Vorzug geben, hat weitreichende Konsequenzen für unser Weltbild. Der uns umgebende Raum ist von vielfältigen Materialschichten und Energien durchzogen, die sich in Vibrationen und Resonanzen manifestieren. Letztere verbinden das Ohr mit dem Tastsinn. Darüber konstruieren wir unsere stets vielstimmige und oszillierende Raumerfahrung. Vibrationen verbinden das Hören mit dem Tastsinn. In diesem Sinne ist das Hören eine Art Berührung aus der Ferne.[19] Man muss bedenken, dass wir bereits vor der Geburt über die Haut im Mutterleib mit dem Hören beginnen. Der Klang scheint die erste Sinneserfahrung des Menschen zu sein. Später bildet er die Grundlage für Emotionen und Sozialverhalten.[20] Unser Körper versteht Schallwellen auf vorbewusste Weise

---

19 Vgl. Schafer 2010, S. 48: „Hören und Tasten treffen sich dort, wo die niedrigen hörbaren Frequenzen in taktile Schwingungen übergehen (bei ungefähr 20 Hertz). Hören ist eine Art Berührung aus der Ferne“.

20 Vgl. Pettman 2017, S. 130: „Voices are incredibly intimate. It's the first way we differentiate ourselves, recognizing the sound of our cries as our own, and our parent's voice as the sound of 'the other'. We are at the mercy of the world through our ears. It's the emotional interface where pleasure and fantasy begin“. („Stimmen sind unglaublich intim. Sie sind die erste Möglichkeit, uns voneinander zu unterscheiden, indem wir den Klang unserer Schreie als unseren eigenen und die Stimme unserer Eltern als den Klang des ‚anderen‘ erkennen. Über unsere Ohren sind wir der Welt ausgeliefert. Es ist die emotionale Schnittstelle, an der Spaß und Phantasie beginnen“.)

als Echos und Variationen seiner selbst, und er ist von wellenförmigen Energien umgeben, sei es in Form von Schallwellen, Bewegungen oder Wärmeemissionen.[21] Es ist eine Form der Kommunikation mit der Welt, die Pflanzen, Menschen, Tiere bis hin zur scheinbar unbelebten Materie vereint.[22] Unsere Kultur hat die Bedeutung von Schwingungsinformationen lange Zeit vernachlässigt. Diese Empfänglichkeit integriert uns jedoch in die Welt der nichtmenschlichen Wesen. Unsere Beziehung zur Natur ist also in der uns umgebenden Klangwelt verwurzelt. Natürliche Umgebungen haben alle ihre typischen Klanglandschaften. Jeder Wald besitzt seinen spezifischen Grundklang: Ein Kiefernwald hört sich anders an als ein Laubwald.[23]

Die Furcht vor den Geräuschen des nächtlichen Waldes zum Beispiel oder die Symphonie von Klängen, durch die man sich in einer vertrauten Landschaft beschützt fühlt, sind so verbreitet, dass Forscher sie als eine langlebige mentale Urstruktur ansehen. Dies ist nicht verwunderlich: der Schall spielt im Ökosystem eine überaus wichtige Rolle: Tiere und sogar Pflanzen kommunizieren und interagieren über verschiedenste Laute und interpretieren die Töne anderer Tiere, um sich zu orientieren, vor einem Raubtier zu fliehen, einen Partner zu finden oder um Beute oder ein Hindernis zu lokalisieren. Dennoch sind wir für die Stimmen der Natur wie taub geworden. Die Hörkultur einer Gesellschaft und einer Epoche hängt von der Orchestrierung und dem Gleichgewicht zwischen Hörer, Geräuschen

---

21 Vgl. Luc Larmor in Guelton 2014, S. 188: „L'immersion dans un milieu sonore provient des sensations que le corps nous donne en permanence dans son incessant dialogue avec le réseau fouillé de relations dans lequel il s'inscrit." („Das Eintauchen in eine Klangumgebung entspringt den Empfindungen, die uns der Körper vermittelt in seinem steten Dialog mit dem ausgefeilten Netz von Beziehungen, in das er eingebettet ist.")

22 Vgl. Lefebvre 2000, S. 206: „L'organisme vivant, considéré dynamiquement, peut se définir comme un dispositif qui capte (par des moyens divers) des énergies de son voisinage. Il absorbe la chaleur, respire, se nourrit [...]." („Man kann den lebenden Organismus, dynamisch betrachtet, als ein Dispositiv definieren, das (durch verschiedene Mittel) Energien der Umgebung aufnimmt. Er absorbiert Wärme, atmet, ernährt sich [...].")

23 Das Konzept des „Soundscape" wurde von R. Murray Schafer entwickelt. Siehe Schafer 2010, S. 47ff.

und Umwelt ab, die spezifische auditive Wahrnehmungsstile bilden. Hören hat also eine Geschichte, in der sich der Zustand einer Gemeinschaft manifestiert, der die Beziehung zu nichtmenschlichen Wesen einschließt. Diese wiederum sind Experten in der Erzeugung und Interpretation von Klängen aus ihrer Umgebung. Die westeuropäische Geschichte ist sowohl die Geschichte des Verlusts einer alten Beziehung zu anderen Arten, als auch die Geschichte einer Verarmung unserer Fähigkeit, sie wahrzunehmen, zu fühlen und mit ihnen zu kommunizieren. Und das betrifft insbesondere das Ohr. Mit der Industriegesellschaft entstand eine Geräuschkulisse, die nichtkommunikative und unangenehme akustische Ereignisse zum Alltag machte. Für Bewohner der Großstädte wurde ein halbtaubes Ohr zur Überlebensstrategie. Die zunehmenden Geräusche übertönten die natürlichen Klänge, bis sie unhörbar werden. Der Verlust dieser Stimmen markierte einen weiteren Schritt in der Trennung von Mensch und Natur. Wir haben nicht nur das Zuhören verlernt, sondern zugleich die Stimmen der Natur mit unseren Handlungen ebenso wie mit unserem Lärm zum Schweigen gebracht. Wir brauchen eine neue Kultur der Sinne und wir müssen insbesondere das Zuhören wieder erlernen, um unsere sinnliche Beziehung zu anderen Spezies wiederherzustellen.[24]

III.3.2. Ohrenphilosophie und die Beziehung zur Natur: Friedrich Nietzsche

Vorindustrielle Gesellschaften besaßen eine detaillierte Kenntnis der Stimmen anderer Spezies. Die Menschen vermochten ihnen eine „Bedeutung" zu geben, diese Stimmen zu erkennen und ihre Aktivitäten mit den nichtmenschlichen Wesen zu synchronisieren. So war es leichter, sich selbst als Teil der natürlichen Welt zu betrachten und in eine andere Gattung hineinzuversetzen. Die Moderne ist der Beginn einer Zerstörung und Ausrottung anderer Gattungen, wie es sie nie zuvor in der Erdgeschichte gegeben hat, und sie ist zugleich der Dreh- und Angelpunkt in der Genealogie unseres Verhältnisses zur Natur.

---

24 Vgl. Haskell 2022, S. Xiii: „Our actions are bequeathing the future of an impoverished sensory world. As wild sounds disappear forever and human noise smothers other voices, Earth becomes less vital, blander."

Einer der ersten Theoretiker der Moderne, der diesen Zusammenhang erkannte, war Friedrich Nietzsche. Die moderne Zivilisation hätte das Tierische und Pflanzliche im Menschen zunehmend verdrängt. Ihr Aufschwung gehe einher mit dem Verlust einer Sinneswahrnehmung, die den Menschen einst mit der Natur verband. Das Gehör war für Nietzsche der privilegierte Sinn, um eine im Laufe der westlichen Geschichte verloren gegangene Beziehung zur Welt wiederzufinden. Dieser in der Moderne wenig geschätzte Sinn wurde bei ihm zur Grundlage für eine neue Art des Philosophierens: die Ohrenphilosophie. In „Die Geburt der Tragödie" beschreibt Nietzsche das Aufkommen der modernen Kultur als Niedergang einer einst vielfältigen Sinneskultur. Die Domestizierung des Körpers und der Triebe, die sich nach und nach durchsetzte, war für ihn die Quintessenz einer Kultur der Individuation, die in der Moderne ihren Höhepunkt erreicht. Die westliche Metaphysik von Platon bis Hegel sei im Wesentlichen eine Augenontologie: Sie beruhe auf einer Beziehung zur Welt, der die Distanz zwischen Subjekt und Objekt ebenso wie die zwischen Mensch und Natur bereits dauerhaft eingeschrieben sei. Ein auf Bewegungslosigkeit reduziertes Subjekt betrachte die Welt mit einem fast körperlosen Auge. Diese Sinnesreduktion begleitet den Aufstieg der Schriftkultur, die Subjektivität nur losgelöst von der individuell-körperlichen Vernunft als sprachlich vermitteltes Selbstbewusstsein erlaube. Im Gegensatz dazu propagierte Nietzsche ein „lauschendes Denken". Das Modell dafür fand er in der attischen Tragödie. Sie war Bestandteil des Naturkults um den Gott Dionysos. In den Zeiten der griechischen Tragödie fühlte sich der Mensch noch als Teil der universellen Ordnung der Natur. Er vermochte ihre Stimmen, Klänge und Gesten zu unterscheiden und nachzuahmen und synchronisierte sich mit den natürlichen Rhythmen. In der Ekstase des dionysischen Tanzes löste sich in einer multisensorischen Erfahrung die Trennung zwischen Natur und Mensch auf, um einer zeitweiligen Harmonie der Schöpfung Platz zu machen.[25]

---

25 Vgl. Nietzsche 1972, S. 21-22: „Im dionysischen Dithyrambus wird der Mensch zur höchsten Steigerung aller seiner symbolischen Fähigkeiten gereizt; etwas Nieempfundenes drängt sich zur Äusserung, die Vernichtung des Schleiers der Maja, das Einssein als Genius der Gattung, ja der Natur. Jetzt soll sich das Wesen der Natur symbolisch ausdrücken; eine neue Welt der Symbole ist nöthig, einmal die ganze leibliche Symbolik, nicht nur die Symbolik des Mundes, des Gesichts, des Wortes, sondern die volle, alle Glieder rhythmisch bewegende Tanzgeberde."

Eine Philosophie, die das Hören in den Mittelpunkt stellt, verankert die Philosophie des Seins im Körper. Die Mimikry spielte in dieser Gemeinschaft des Menschen mit der natürlichen Welt eine herausragende Rolle und war ein Fundament des sozialen Modells. Das Dionysische veranschaulicht „[...] das ganze ÜBERMASS der Natur mit Lust, Leid und Erkenntnis, bis zum durchdringenden Schrei“[26], wobei es keinen Unterschied gab zwischen Sprache und körperlichem Ausdruck durch Stimme, Gestik, Musik und Tanz. Das Apollinische hingegen stehe für die Betonung der Grenzen des Individuums. Es charakterisiert den langsamen Aufstieg der modernen Zivilisation, die den Menschen von der Natur trennt. In diesem Prozess werden Körper und Sinne zunehmend der Kontrolle des Subjekts unterworfen, das sich für autonom und rational hält. In „Also sprach Zarathustra“ entsprechen Musik und Tanz dem Dionysischen. Sie integrieren den Menschen in die Welt, die sich immer im Prozess des Werdens befindet, wie er alles Lebendige charakterisiert. Nietzsche war der Ansicht, dass in der modernen Kultur nur die Musik die Überbleibsel einer einstmals reicheren Welt des Ausdrucks verkörpern würde, jedoch in einer schon spezialisierten Form, die nicht mehr den gesamten Körper einbezieht.[27] Diese Verarmung der Sinne ging einher mit der Verarmung der mimetischen Fähigkeit, die den Menschen einst mit anderen Arten verband. Der Körper und die Sinnlichkeit wurden somit zur Achse eines neuen Menschen- und Kulturverständnisses.

Nietzsches Ohrenphilosophie stammt aus einer Zeit, die die Praktiken des Hörens mithilfe neuer Technologien neu organisierte. Seit dem Ende des 19. Jahrhunderts beruhte diese Industrialisierung des Ohrs auf akustischen Technologien, die man als Vorläufer der heutigen ansehen kann. Die kulturelle Konstruktion des Ohrs in der Moderne favorisierte Techniken, die für instrumentelle Zwecke brauchbar waren. Folglich wurde der akustische Raum

---

26 Ebd., S. 36. Hervorhebung im Text.

27 Vgl. Nietzsche 1969, S. 112: „Man hat, zur Ermöglichung der Musik als Sonderkunst, eine Anzahl Sinne, vor allem den Muskelsinn still gestellt (relativ wenigstens: denn in einem gewissen Grade redet noch aller Rhythmus zu unseren Muskeln): so daß der Mensch nicht mehr Alles, was er fühlt, sofort leibhaft nachahmt und darstellt. Trotzdem ist DAS der eigentlich dionysische Normalzustand, jedenfalls der Urzustand; die Musik ist die langsam erreichte Spezifikation desselben auf Unkosten der nächstverwandten Vermögen.“ Hervorhebung im Text.

nach rationalen Prinzipien ausgerichtet und umgestaltet: Er konnte segmentiert, geformt oder neu zusammengesetzt werden.[28]

Indem sie den Klang vom Körper trennte, verschärfte die akustische Moderne die Trennung der Sinne. Klänge mutierten zu „Zeichen", die nach dem Vorbild der Schrift entziffert werden konnten. Der 1874 erfundene „Ohr-Phonograph" suggerierte ebenso wie das Graphophon und das Grammophon die enge Verbindung zur Schrift.[29] Die neue kulturelle Sensibilität bedeutete einen Bruch mit den vor der Moderne üblichen Hörpraktiken. Das hatte weitreichende Folgen für die Wahrnehmung der Stimmen der Natur und das artenübergreifende Imaginäre. Einst suchte man nach akustischen Analogien, um die Klänge der Alterität aus einer Perspektive der Zusammengehörigkeit zu unterscheiden. Der moderne Mensch hingegen kann sich als derjenige positionieren, der im Namen der Natur spricht, indem er ihre Zeichen entschlüsselt und in menschliche Sprache umwandelt.

Die Isolierung der Sinne legte jedoch andererseits auch die Möglichkeit ihrer Neukonfiguration nahe. Künstler experimentierten damit, die Sinne zu trennen und wieder zusammenzufügen, um dasselbe Sinnesregime, das sie hervorbrachte, in Frage zu stellen. Von Richard Wagners „Gesamtkunstwerk" bis hin zu den synästhetischen Experimenten am Bauhaus versuchte man in dieser Zeit, eine verlorene multidimensionale Sinneserfahrung wiederzufinden. Wagner – der den Nietzsche der Zeit der „Geburt der Tragödie" zutiefst inspirierte – realisierte die Verbindung zwischen den Künsten als eine Verschmelzung der Sinne, deren synästhetische Wirkung seine Rezipienten darin eintauchen ließ. Es ist nicht überraschend, dass der Komponist

28 Vgl. Sterne 2003, S. 50: „Through modern physics and acoustics, and through the new relationship between science and instrumentation, auditory and visual phenomena could be first isolated and then mixed or made to stand in for one another. [...] this kind of synesthesia – (of) mixing codes and perceptible material – is a constitutive feature of technological reproduction of sound and image." („Dank der modernen Physik und Akustik und dank der neuen Beziehung zwischen Wissenschaft und Instrumentarium könnten auditive und visuelle Phänomene zunächst isoliert, dann gemischt oder so gemacht werden, dass sie einander darstellen. [...] diese Art von Synästhesie – (von) Mischcodes und wahrnehmbarem Material – ist ein konstitutives Merkmal der technologischen Reproduktion von Ton und Bild.")

29 Vgl. ebd., S. 50.

diese Erfahrung nach dem Vorbild der griechischen Dionysien gestaltete. Die Faszination der damaligen Zeit für die Synästhesie – die lange Zeit als eine Art Krankheit angesehen wurde – hielt bis ins zwanzigste Jahrhundert an. Die Möglichkeiten der modernen Technologien zur Durchführung synästhetischer Wahrnehmungen faszinierten also vor allem die Künstler, die darüber eine neue Beziehung zur Welt, einschließlich der natürlichen Welt, finden wollten. Die Moderne war vom technologischen Fortschritt gleichermaßen begeistert wie von der daraus resultierenden Auflösung sozialer Formen und der Zerstörung der Natur erschrocken. Man suchte nach neuen Lebensweisen im Einklang mit der Natur, ohne auf die Vorzüge der modernen Technologien zu verzichten.

III.4. Die Chancen der Technologie

III.4.1. Sich in die Lage einer Pflanze versetzen oder wie technische Geräte eine verlorene Beziehung wiederherstellen

Während die Industrialisierung zu Beginn des 20. Jahrhunderts einerseits den Graben zwischen Mensch und Natur vertiefte, ermöglichten die modernen Medien andererseits eine neue Nähe zur Natur. In der Verflechtung von Wissenschaft, Technologie und Kunst entstanden Strategien, um den Menschen wieder in die Natur zu integrieren. Der technische Apparat erwies sich dabei als wichtiger Agent.

Das kunstvolle Design der Natur, das kürzlich mittels der Nanotechnologie entdeckt wurde, ist nur eine ausgefeilte Version von Entdeckungen des vorigen Jahrhunderts. Schon damals erschloss sich dieses Design mithilfe der Mikrotechnologie. Die Röntgenkristallographie enthüllte die komplexe Welt bewegter Organismen, die ausgehend von denselben Grundprinzipien komplexe rhythmische Strukturen schufen und dieselben Formen – wie z.B. das Sechseck – immer und immer wieder verwendeten. Die modernen Naturwissenschaften konzipierten die Welt als ein Feld von Kräften und Energien, die sich in Schwingungen und Resonanzen ausdrücken und von den kleinsten Organismen über den Menschen bis hin zu den Sternen zu finden sind. Die Idee einer tiefen Kontinuität zwischen den Wesen und den Strukturen der Materie ist nicht neu. Sie zieht sich in unterschiedlichen Formen durch die gesamte Geschichte des menschlichen Denkens, allerdings nur am Rande, seit die klassische Anthropologie den Menschen zum Herrscher über die Natur erklärte.

Im Kontext der modernen Naturwissenschaften entstand jedoch eine Denkrichtung, die davon ausging, dass jeder Organismus und jedes Material Teil eines Ganzen ist. Sie war der Beginn moderner ökologischer Diskurse und Praktiken. Als Ernst Haeckel 1866 den Begriff „Ökologie" prägte, beschrieb er damit einen Lebensraum, in dem jeder Organismus seine Rolle spielt. Später schlug Martin Heidegger vor, die Ökologie als die Wissenschaft vom Wohnen zu betrachten (das Wort Ökologie leitet sich ab vom griechischen „oikos" – „Haus").

Zu Beginn des vorigen Jahrhunderts warfen einige Biologen einen neuen Blick auf die Natur. Die mithilfe der Strahlenfotografie, des Mikrofilms und des Zeitrafferfilms aufgenommenen Bilder zeigten eine Morphogenese, welche alle Wesen miteinander verbindet. Die Bildung von Kristallen, die aus „Energie, Materie, Form" bestehen,[30] belege eine autonome Kreativität der Natur, behauptete Jakob von Uexküll. In seinem Buch *Bausteine zu einer biologischen Weltanschauung* aus dem Jahr 1913 widerlegte er die damals vorherrschende mechanistische Vorstellung vom organischen Leben.[31] Anstatt die Wirkungen der Außenwelt wahllos zu empfangen und weiterzugeben, sei jeder lebende Organismus in der Lage, der Außenwelt wie ein Akteur zu begegnen, der die für ihn zweckmäßigen Wirkungen der Umwelt auswählt und die ihn störenden unterdrückt. Von Uexküll kam zu dem Schluss:

> Die Organismen sind zwar ebenso objektive Systeme wie die Gegenstände, aber dank dem Umstande, dass ihre Lebenspläne nicht heteronom, also fremdgesetzlich, sondern autonom, also eigengesetzlich sind, werden sie zu SUBJEKTEN.[32]

Einen Baum zu verstehen, erfordere jedoch mehr als nur ein rein theoretisches Verständnis.

> Man verlässt [...] die Botanik der reinen Theorie, wenn man den Standpunkt der Birke einnimmt und die Welt nicht anthropozentrisch, sondern aus der Sicht der Betulaceen betrachtet, d.h. wenn man die verschiedenen Faktoren der Außenwelt auf ihre Lebensbedeutung hin untersucht und den Lebensraum der Birke im Verhältnis zum Rest der Welt nachzeichnet.[33]

---

30 Von Uexküll 1913, S. 19.
31 Vgl. Von Uexküll 1930, S. 30: „Jede Umwelt ist das Erzeugnis eines Subjektes."
32 Ebd., S. 27. Hervorhebung im Text.
33 Von Uexküll 1947, S. 32, zit. in: Gens 2014, S. 73-74.

Es gelte also, sich in die Lage der Pflanze zu versetzen und ihre Perspektive in einem Raum zu teilen, der nicht aus einer *Position*, sondern aus einer *Situation* besteht. Dies beinhalte seine besonderen Lebenstechniken, seine Wahrnehmung sowie die Beziehungen, die der Baum mit anderen in diesem Raum unterhält. Uexküll kritisierte damit die Wissenschaftskultur seiner Zeit, für die die Trennung zwischen Beobachter und Objekt für einen Grundpfeiler wissenschaftlicher Objektivität galt. Ein derart distanziertes Sehen ist in den modernen westlichen Wissenschaftskulturen ein lang tradiertes Dogma. Doch erst im Industriezeitalter wurden die anderen Sinne in der wissenschaftlichen Forschung wirklich in den Hintergrund gedrängt. Damals machte die Mikrofotografie winzige Bewegungen und Strukturen sichtbar. Der Film ermöglichte es, die Bewegung zu verlangsamen oder zu beschleunigen und Sequenzen durch Montage zu verbinden. Dadurch wurden winzige Strukturen sichtbar, die nur durch extreme Manipulationen der Zeitverhältnisse und des Maßstabs wahrnehmbar waren. In der Überschreitung der Grenzen des Sehens entfaltete sich eine unbekannte Welt. So wurden zum ersten Mal bis dahin unsichtbare Naturwelten entdeckt: vom Wachstum einer Grünalge bis zur Geburt einer Laus.

In der engen Verbindung von Biowissenschaften und neuen Medientechnologien entstand die Vorstellung, wissenschaftliche Bilder besäßen eine ihnen innewohnende Evidenz. Das Sehen wurde mit der Erklärung auf eine Weise verknüpft, die den Prozess der Übersetzung vom einen ins andere zum Verschwinden brachte. Unter den Biologen der damaligen Zeit war es durchaus üblich, Pflanzen zu zerschneiden und sie durch die Isolierung von ihrer Umgebung zu dekontextualisieren, um Evidenz zu inszenieren. Doch es waren indes keineswegs die Technologien, die diesen reduktionistischen Ansatz erforderten, sondern die gängigen visuellen Vorstellungen und Praktiken der damaligen Zeit.

III.4.2. Der Film entdeckt den Tanz der Pflanzen

Schon am Ende des 19. Jahrhunderts hatten Wissenschaftler die künstlerische Dimension des Naturdesigns erkannt und zielten auf ein breites Publikum außerhalb der wissenschaftlichen Gemeinschaft. Ein Titel wie „Kunstformen der Natur“ des Botanikers Ernst Haeckel ist nur eines von vielen Beispielen dafür. Die Pflanzenstiche, die seine Bücher schmückten, inspirierten das Formenrepertoire des Jugendstils. Die Mikrofotografie einer Schneeflocke oder einer Feuersteinalge zum Beispiel faszinierte durch die Schönheit dieser kristallinen Formen. Es war jedoch der Film, der diese Schönheit einem breiten Publikum vorstellte.

Ursprünglich dienten die Mikrofotografien von Algen, Blütenknospen oder Keimen als wissenschaftliche Dokumente. Doch in den 1920er Jahren waren Pflanzenfotografien und -filme bei einem breiten Publikum sehr beliebt. Man verfolgte begeistert nie zuvor wahrgenommene Wachstumsprozesse von Pflanzen, und fand Analogien zwischen Pflanzen und Architektur oder technischen Konstruktionen. Die UFA (die damalige große Filmvertriebskette in Deutschland), besaß eine umfangreiche Sammlung von Pflanzenfilmen, die für ein Massenpublikum bestimmt waren, und zeigte sie in den Vorprogrammen der Kinos.

In den Kinosälen des Jahres 1926 machten die erstaunten Zuschauer eine Entdeckung: Zum ersten Mal konnten sie etwas wahrnehmen, was sie noch nie zuvor gesehen hatten: das Wachstum einer Blume. Zeitbeschleunigte Bilder von Blättern, die sich in die ganze Pflanze in Schwingung versetzenden Zuckungen einrollten oder entfalten, beeindruckten das Kinopublikum. Langsam öffnen sich Blüten zum Licht hin, während Zweige Kreise bilden und sich nach Halt biegen. All das – wir sind in der Stummfilmzeit – begleitet von dramatischer symphonischer Musik und Untertiteln, die das Wachstum der Pflanze in eine Abenteuergeschichte verwandeln. In einer Sequenz des Films „Das Blumenwunder" interpretierte die Tänzerin Niddy Impekoven eine Blume und evozierte die erwähnten Prozesse durch ihre Hände und wellenförmige, rhythmische Bewegungen ihres Körpers. Die Kritikerin Lisbeth Stern sah in dem Dokumentarfilm den Beginn einer neuen Ära des Kinos für die menschliche Wahrnehmung. Sie kommentierte:

> In dem Film vom „Blumenwunder" sind die Zeitspannen der Blumen so zusammengerückt, dass wir ihre Bewegungen fühlen können wie unsere. Das öffnet ganz neue Welten. Wir sehen ihren Bewegungsturnus wie unser Atmen, wir sehen, wie ihr Leben auch ein ständiges Arbeiten ist, und wie ihr Vorwärtskommen oft mit ganz großen Erschütterungen und Stößen verbunden ist, ähnlich den Geburtswehen der Frauen. So dass Pflanzen-, Tier- und Menschenwelt sich hier in einem zusammenschließen. [...] Diese technischen Möglichkeiten machen die eigentliche Wunderwelt des Films aus. Sie erweitern unseren Sinn und den Umfang dessen, was wir auffassen können, in so hohem Maße, dass auch unsere Ahnung der Welt sich dadurch weitet.[34]

34 Stern 2012, S. 164.

Was sah man in den Pflanzen, das so faszinierend war, dass es selbst die Produzenten dieser Filme in Erstaunen versetzte? Die Zeitgenossen waren sich durchaus der Rolle der Medien im neu erwachten Interesse an der Natur bewusst. Der Herausgeber von *Urformen der Kunst*, einem Buch mit Fotografien des Pflanzenfotografen Karl Blossfeldt, kommentierte:

> In Filmen sehen wir durch Zeitraffer und Zeitlupe das Auf- und Abschwellen, das Atmen und Wachstum der Pflanzen. Das Mikroskop offenbart Weltsysteme im Wassertropfen, und die Instrumente der Sternwarte eröffnen die Unendlichkeit des Alls. Die Technik ist es, die unsere Beziehungen zur Natur enger als je gestaltet und uns mit Hilfe ihrer Apparate Einblick in Welten verschafft, die bisher unseren Sinnen verschlossen waren.[35]

III.4.3. Eine neu konfigurierte Sensibilität und ihr Kulturideal: der labile Mensch

Das artenübergreifende Imaginäre gehört zur menschlichen Evolutionsgeschichte. An diese Tradition können wir anknüpfen, um eine verlorene Beziehung für die aktuelle Situation wieder zu beleben, zu überdenken und vor allem zu „fühlen". Das bedeutet aber auch, die Rolle der Medien in diesem Prozess zu hinterfragen. Das ist keine leichte Aufgabe: Vor allem seit der Zeit der Industrialisierung haben sie meist dazu gedient, uns von der natürlichen Welt zu distanzieren, um sie noch effektiver auszubeuten.

Da die seit dem Ende des 19. Jahrhunderts aufkommenden Technologien die Vorgänger der heutigen Nanotechnologie sind, erweisen sich die Debatten, die diese ausgelöst haben, oft als sehr aktuell. Vom Strahlenmikroskop über den Mikrofilm bis hin zu digitalen Visualisierungsverfahren dienen die Medien, wie wir gesehen haben, auch einer neuen Reflexion über die Beziehung von Mensch und Natur, die eine Anthropologie der Bescheidenheit im digitalen Zeitalter stützen.

Einige Theoretiker und Künstler der damaligen Zeit bieten hierfür wertvolle Anregungen. Walter Benjamin zufolge bringen moderne Technologien uralte Verfahren der Weltwahrnehmung wieder zum Vorschein. Für Benjamin waren Film und Fotografie mimetische Archive, in denen sich die magische Kraft der Bilder mit den modernen Reproduktionstechniken verbindet. Als Träger von Korrespondenzen enthalten die von ihnen gelieferten Bilder Spuren eines alten mimetischen Verhältnisses zur Welt, in dem sich Semiotik und

---

35 Nierendorff 1928, S. VI/VI.

Mimesis vermischen.[36] Die modernen Medientechnologien stellen somit im modernen Menschen eine Fähigkeit wieder her, wie sie die Naturbeziehung vergangener Epochen charakterisierte. Seltsamerweise waren es die Fotografien von Pflanzen, die seine Ideen inspirierten. Was den Theoretiker der Moderne an den Blumenfotos interessierte, war ihr Beitrag zu einer neuen Sinneskultur.

Unter den Pflanzenfotografien (Abb. 8), die Karl Blossfeldt in seinen „Urformen der Kunst" veröffentlichte, findet sich u.a. die Fotografie eines in 25-facher Vergrößerung aufgenommenen Schachtelhalms, den er als eine Art architektonischer Naturform inszenierte. Der Fotograf präsentierte die Pflanzen durch eine ausgefeilte Ästhetik. Von der Wahl des Motivs über die Komposition und Beleuchtung bis hin zur Inszenierung „typischer Details" wurden die Pflanzen zu einem Archiv überraschender Formen. Blossfeldt versuchte, den „ornamental-rhythmisch-kreativen Impuls"[37] mit den „funktional-utilitären Formen" im Naturdesign zu versöhnen.[38]

Das Bauhaus organisierte im Juni 1929 eine Ausstellung von Blossfeldts Pflanzenbildern, denn für die Architekten, Maler und Fotografen am Bauhaus offenbarten die Pflanzenfotografien einen neuen Zugang zu Fragen moderner Gestaltung, von der tektonischen Struktur der Pflanzen über die Lichtinszenierung, die kompositionelle Dramaturgie bis zur Verbindung der Sinne im Visuellen, die für das im Bauhaus propagierte „Neue Sehen" von Interesse war. Walter Benjamin konstatierte in seiner Rezension der Ausstellung unter dem Titel *Neues von Blumen*, die Pflanzenfotografie entdecke völlig neue Bildwelten und ungeahnte Analogien, die Maler wie Paul Klee schon lange interessiert hatten.[39] Hier eröffneten sich unbekannte Analogien, die plötzlich in der Architektur, der Technik oder dem Tanz auftauchten. So verglich er eine Pflanzenknospe mit einer Tänzerin:

36 Vgl. Benjamin 1977b, S. 213: „Was nie geschrieben wurde, lesen. Dies Lesen ist das älteste: das Lesen vor aller Sprache, aus den Eingeweiden, den Sternen oder Tänzen. Später kamen Vermittler eines neuen Lesens, Runen und Hieroglyphen in Gebrauch. Die Annahme liegt nahe, dass dies die Stationen waren, über welche jene mimetische Begabung, die einst das Fundament der okkulten Praxis war, in Schrift und Sprache Eingang fand."

37 Blossfeldt 1932, reprint in: Adam 2014, S. 265.

38 Ebd.

39 Vgl. Benjamin 1972, S. 152.

> Daneben tauchen aus dem Schachtelhalm die antiksten Säulenformen auf, in dem zehnfach vergrößerten Austrieb der Kastanie oder des Ahorns der Totem-Bäume, und der Austrieb eines Eisenhuts entfaltet sich wie der Körper einer begnadeten Tänzerin.[40]

An der Grenze des Sagbaren erlauben die mehrdimensionalen Bilder des Films und der Fotografie neue Assoziationen und enthüllen so die physiognomischen Dimensionen des modernen Lebens, während sie zugleich eine neue Naturvorstellung formen. Benjamin zog den Schluss: Blossfeldt „lieferte seinen Beitrag zu dieser umfassenden Umstrukturierung der Wahrnehmung, die unser Bild von der Welt noch unendlich verändern wird."[41]

Abb. 8: Karl Blossfeldt: Aconitum. Eisenhut, junger Spross. In: Adam 2014, S. 223

Tatsächlich war die Entwicklung des Sensoriums des modernen Menschen, um ihn in die Lage zu versetzen, eine neue Welt zu gestalten, ein Projekt, das von vielen Künstlern zu Benjamins Zeit geteilt wurde.

---

40 Ebd., S. 153.
41 Ebd., S. 151.

Es war Teil einer Utopie der Revolutionierung der Lebensformen durch die Kunst. Dabei entstand ein neues Kulturideal: der labile und rezeptive Mensch. Die Sinnesschulung, wie sie die künstlerischen Avantgarden propagierten, sollte dazu beitragen, den „Neuen Menschen" zu formen, ein Zukunftstraum, der im Zuge der Lebensreformbewegung am Ende des 19. Jahrhunderts aufkam. Die Gartenstadt Hellerau oder die Gemeinschaft auf dem Monte Verità in Ascona sind Vorbilder für die Sehnsucht nach Flucht vor der Industrialisierung und einer Rückkehr zur Natur. Hier trafen sich Künstler, Sozialreformer und andere, die aus den Metropolen flohen, um eine egalitäre, naturverbundene Gemeinschaft zu gründen. Viele ihrer Mitglieder, wie der Maler Wassily Kandinsky oder Rudolf von Laban – Theoretiker des modernen Tanzes –, fanden sich später in den künstlerischen Avantgarden wieder.

Die Auswirkungen der Lebensreformbewegung waren auch am Bauhaus zu spüren. Dieses versuchte jedoch, die Rückkehr zur Natur mit den Möglichkeiten moderner Technologien zu verbinden. Die Bauhäusler entdeckten deren Potential, die kollektive Wahrnehmung durch einen Ansatz zu reorganisieren, der über das rein technologische Dispositiv hinausging. Aus den modernen Medien und Technologien entstand eine modifizierte Version des „Neuen Menschen": *der labile und resonante Mensch*. Eine wichtige Referenz dafür war Fritz Giese, ein Wirtschaftspsychologe und Theoretiker der Körperkultur, der am Bauhaus Vorlesungen gehalten hatte. Giese zufolge muss der moderne Mensch lernen, den Verlust stabiler Bezugspunkte zu ertragen und in einem vorübergehenden Gleichgewicht zu leben. „Elastizität" und „Labilität" – damit ist die Fähigkeit gemeint, sich an veränderte Wahrnehmungssituationen anzupassen – seien das Ergebnis einer neuen „Bewegungskultur", die vor allem im Kino erlernt werde.[42]

42 Vgl. Giese 1925, S. 35: „Diese Labilität wird durch das Kino erzogen, wo man sich durch die Abfolge der Dinge in derselben Form umso mehr daran gewöhnt, dem Leben Aufmerksamkeit zu schenken, vielleicht seine eigene Existenz in eine Folge von Filmbildern zu verwandeln […]. Das Kino vermittelt, genau wie diese Jazzband-Tänze, sehr direkt den ‚Fluss der Zeit'. Es ist nicht nur das begriffliche Medium im Hintergrund des Geschehens, sondern auch die ständige Veränderung durch den Zeitfluss, die der naive Mensch erfährt und an die er sich durch den Kinobesuch gewöhnt. Dort lernt er eine gewisse Freude am Wechsel, oft wird ihm auch die Rhythmik des Ablaufs vor Augen geführt. So sieht er das

Den labilen Menschen formen – der fähig ist, sich mit den Rhythmen der Natur und der modernen Welt zu synchronisieren –, das war das Ziel einer neuen Sinneskultur, die im Wechselspiel von Medien und Kunst entstand. Die Künstler der Avantgarde suchten nicht nur nach einer Versöhnung zwischen Mensch und Natur, sondern auch nach einer multisensorischen Wahrnehmung. Die von der Psychotechnik propagierte Utopie der Erweiterung der Sinne ging von einer tiefen Analogie zwischen der organischen und der technischen Welt aus. Dieser Ansatz war mit der Biotechnik der damaligen Zeit verbunden. Auf Einladung des Fotografen László Moholy-Nagy hatte dessen Erfinder und Spezialist für Mikrofotografie, Raoul Heinrich Francé, anlässlich der Ausstellung von Blossfeldts Pflanzenfotografien einen Vortrag am Bauhaus gehalten. Unter Bezugnahme auf die Biotechnik postulierte Moholy-Nagy, es sei die Aufgabe der Kunst, die menschliche Wahrnehmung auf das Niveau der technischen Möglichkeiten zu heben, um Bios und Techné miteinander zu versöhnen.[43] Die Bauhauskünstler proklamierten die Pflanzenfotografie zur Schule des „Neuen Sehens". Für das Bauhaus beruhte die „Kunst des Sehens" auf einer psychophysischen Fähigkeit, die mit der engen Beziehung zwischen Klängen, Farben und der Empfänglichkeit des Organismus für das Licht verbunden war. Es gelte, die in der modernen Gesellschaft vorherrschenden Wahrnehmungsgewohnheiten zu „verlernen" und sich von einer überkommenen Tradition des Sehens zu befreien. Anstatt also zu versuchen, den Inhalt eines Bildes zu identifizieren, sollte der moderne Mensch die Bewegungen, die Formen und den plastischen Rhythmus der Komposition mit allen Sinnen erfahren. Die „künstliche Primitivierung" des modernen Menschen, die das Bauhaus ins Auge fasste, war Teil dieser Schulung der

---

Pulsieren der Maschinenräume, den Wirbel der Stadt, die Ströme des Verkehrs direkt von der Kamera gedreht."

43 In *von material zu architektur*, erschienen 1929, bezieht sich László Moholy-Nagy auf die Biotechnik: „der wissenschaftler raoul francé […] nennt seine forschungsmethode und das arbeitsergebnis ‚biotechnik'. das wesen seiner lehre besteht in folgendem: ‚jeder vorgang hat seine notwendige technische form. die technischen formen entstehen immer als funktionsform durch prozesse. […] bewegung schafft sich bewegungsformen, jede energie ihre energieform. es gibt keine form der technik, welche nicht aus den formen der natur ableitbar wäre.'" Moholy-Nagy 1929, S. 60. Graphie im Original.

Sinne. Deshalb forderte Johannes Itten die Studenten seines Einführungskurses am Bauhaus auf, die Beziehung zwischen der visuellen, haptischen und motorischen Erfahrung bei der Betrachtung einer Distel zu erproben:

> Vor mir steht eine Distel. Meine motorischen Nerven spüren eine zerrissene, abrupte Bewegung. Meine Sinne, sowohl der haptische als auch der Gesichtssinn, erfassen die scharfe Pointilität ihrer Formbewegung und mein Geist nimmt ihr Wesen wahr. Ich empfinde eine Distel.[44]

III.4.4. Von der Beobachtung zur Teilnahme oder die Vorstellungswelt von anderen Arten im digitalen Zeitalter

Unter den veränderten Bedingungen digitaler Medien können wir an die Moderne anknüpfen. Das Kulturideal des labilen und rezeptiven Menschen lässt sich im digitalen Zeitalter für eine Anthropologie der Bescheidenheit wieder aufnehmen, denn auch diese erfordert eine neue Sinneskultur. Um unsere Beziehung zur Natur verändern, müssen wir ebenso wie in der Moderne, das instrumentalistische Dispositiv aufgeben, das unsere Nutzung von Technologien dominiert.

Wenn die vielfältigen Stimmen der Natur wieder hörbar werden, entdecken wir eine verlorene Welt der Geräusche, Gerüche und Atmosphären, die unsere Beziehung zu anderen Arten auf dramatische Weise verändert. Wir erleben, dass wir von Wesen umgeben sind, die auf unsere Anwesenheit reagieren: das gilt auch für die Pflanzen. Eine Installation im Brooklyn Botanic Garden in New York ermöglichte es den Besuchern, mit echten Sukkulenten und Kakteen zu interagieren: Sobald sie sie berührten, erfassten Sensoren ihre Vibrationen, die für das menschliche Ohr normalerweise nicht hörbar sind.[45] Auch wenn wir diese Pflanzenbotschaften nicht „verstehen“ können, verändert das unsere Wahrnehmung dieser Organismen. Das Imaginäre von anderen Gattungen ist mehr als eine reine Vorstellungswelt: es ist zugleich akustisch, visuell, olfaktorisch und sogar die Motorik hat daran ihren Anteil.

Das Smithsonian Design Museum in New York organisierte 2019 die Ausstellung „Nature“. Sie erinnerte an den oft irreversiblen Verlust einer ganzen

---

44 Itten 1921, zit. in: Ackermann 2000, S. 33.

45 „Sonic Succulents: Plant Sounds and Vibrations“, Ausstellung von Adrienne Adar im Brooklyn Botanic Garden im Jahr 2019. Siehe Klein 2019.

Welt von Naturdüften durch den Klimawandel. Ausgehend von DNA aus Exemplaren des Herbariums der Harvard University, bildeten Künstler und Designer die Aromen verschwundener Blumen nach.

Durch die jüngsten Entdeckungen der erstaunlichen Fähigkeiten nichtmenschlicher Wesen erhält das artenübergreifende Imaginäre derzeit neuen Auftrieb. Seit es möglich ist, Infraschall für menschliche Ohren hörbar zu machen, umfängt uns ein ganzes Universum der vielfältigen und unterschiedlichen Stimmen der Natur. Zuweilen entdecken wir ungeahnte Parallelen. Wer hätte gedacht, dass Ratten mit dem menschlichen „Hi Hi" vergleichbaren Lauten reagieren, wenn man sie kitzelt? Dass sie lachen und es lieben, gekitzelt zu werden, wurde mithilfe von Ultraschall nachgewiesen.[46]

Es scheint paradox, dass die fortgeschrittensten Technologien uns (wieder) Zugang zu einer Kommunikation mit der Welt verschaffen, die integraler Bestandteil alter Kulturen war. Diese von der Moderne lange Zeit als „primitiv" angesehenen Kulturen verfügten noch über dieses weitgehend mimetische Wissen, das den Menschen in einem resonanten und rhythmischen Universum verankerte.

III.4.4.1. Das Flüstern der Bäume

Als Jakob von Uexküll davon träumte, sich in einen Baum zu versetzen, war das eher eine Phantasievorstellung. Was ändert sich an unserer Einstellung zur Natur, wenn wir plötzlich einer Welt zuhören können, die bislang weitgehend als stumm galt? Die angebliche Stille vieler Arten verwies diese oft auf einen niedrigeren Rang der Evolutionsleiter. Heute jedoch gewinnen wir mithilfe digitaler Visualisierungs- und Sonifikationstechnologien Zugang zu einer Lebenssituation, die sich von unserer eigenen zutiefst unterscheidet.

In den Schweizer Alpen lauschten ein Biologe und ein Komponist elektronischer Musik dem Flüstern der Bäume. Sie wollten herausfinden, wie die Bäume mit den klimatischen Bedingungen interagieren. In einem heißen Sommer nahmen sie drei Tage lang die Geräusche von Kiefern auf, die sich wie ein

46 Ein Experiment der Neurowissenschaften, das 2019 am Bernstein Zentrum für Neurowissenschaften in Berlin durchgeführt wurde, hat gezeigt, dass Ratten Laute von sich geben, die dem menschlichen Lachen entsprechen. Sie vollführen sogar Freudensprünge als Reaktion auf eine Berührung, die ihnen angenehm ist.

„Klick" anhören.[47] Die Bäume schienen vor Durst zu stöhnen, – oder vorsichtiger gesagt, sie gaben Geräusche von sich, die auf Wassermangel hinweisen. Für das menschliche Ohr unhörbar, da auf der Mikroebene des Ultraschalls situiert, drückt dieses Flüstern die Kommunikation zwischen dem unterirdischen Netzwerk der Wurzeln mit Ästen und Blättern aus. Natürlich ist die Erforschung der Pflanzenkommunikation in der Bioakustik noch nicht weit genug fortgeschritten, um die Geräusche der Pflanzen zu verstehen. Vielleicht gelingt uns das eines Tages. Sicher ist jedoch, dass sie Informationen austauschen, die vor dem Austrocknen warnen oder zusammenarbeiten, um sich vor Raubtieren zu schützen und Nahrung zu finden.

Wie zu Beginn des vorigen Jahrhunderts findet das artenübergreifende Imaginäre Unterstützung in unseren Technologien, und oft sind es die Künstler, die deren Möglichkeiten erkunden. Auf das Experiment in den Schweizer Alpen folgte die immersive Installation Lab *trees: Pinus sylvestris*. Sie verwandelte die Daten des Niederschlags oder der Luftfeuchtigkeit in Klänge. Mithilfe von Mikro- und Ultraschall sowie 3D-Bildern ermöglichte sie den Besuchern, am Leben eines Baumes teilzuhaben. Als säße man auf den Ästen der Kiefer, ist man von Klängen und Bildern umgeben und wird zum aktiven Zeugen des Lebens im Wald: Stellen Sie sich also vor, Sie berühren einen Baum und plötzlich sitzen Sie wie ein Vogel auf einem seiner höchsten Äste. Sie sehen die Landschaft um Sie herum, Sie sehen die anderen Bäume, die Wolken, die Vögel und die Insekten. Die Sonne wärmt den Ast, auf dem Sie sitzen, und der Baum gibt klickende Geräusche von sich, deren Ursprung Sie zu verfolgen versuchen. Ist es das „Schwitzen" des Astes, der sich mit einer Flüssigkeit bedeckt, um sich vor dem Austrocknen zu schützen, oder kommen die Geräusche aus dem Stamm, Zeichen eines unsichtbaren Wasserkreislaufs? Was verbindet diese Töne mit dem, was Sie sehen? Es ist schwierig, sich zu orientieren: bewegen sich die Laute? Das Sehen wird hier mit dem

---

47 Diesen ökologisch-physiologischen Prozess hörbar zu machen, war das Ziel dieses wissenschaftlich-künstlerischen Projekts, das 2015 in der Schweiz durchgeführt wurde: *trees: Pinus sylvestris – Immersive Lab Version* von Marcus Maeder und Roman Zweifel vom Institut für digitale Musik und Tontechnik (ICST) der Zürcher Hochschule der Künste (ZHdK) in Zusammenarbeit mit der Eidgenössischen Forschungsanstalt für Wald, Schnee und Landschaft (WSL) im Jahr 2015.

Fühlen verbunden, aber was sich vor allem verändert, ist unsere Praxis des (Zu)Hörens.

Die digitalen Medien sind für das Projekt einer Anthropologie der Bescheidenheit von größter Bedeutung. Sie bringen uns mit anderen Spezies in Verbindung und stellen das anthropozentrische Weltbild auf den Kopf. Während unsere Technologien die Zerstörung der Natur erleichtert haben, haben sie auch wesentlich zu einem neuen, artenübergreifenden Bewusstsein beigetragen. Bio- und Nanotechnologien enthüllen nicht nur Nichtmenschen als Akteure ihrer eigenen Evolution, sondern digitale Bilder bringen ein neues Imaginäres hervor, das unsere Vorstellungen und unser Verhalten in Bezug auf andere Erdbewohner auf den Kopf stellt. Selbst den Klimawandel durch Geräusche, Berührungen und sogar Gerüche wahrzunehmen, ist oft effektiver als alle ökologischen Diskurse.

Digitale Medien können der nichtmenschlichen Sensibilität und Subjektivität Gestalt verleihen, bis hin zur Simulation der Perspektive eines anderen Wesens. Die virtuelle Realität beispielsweise bindet unsere mimetische Fähigkeit und lässt uns in die Welt eines Tieres oder einer Pflanze eintauchen. Weit davon entfernt, sich auf eine rein intellektuelle Anstrengung zu beschränken, wird uns die Welt dieses Wesens plötzlich von unserem Körper aus zugänglich.

III.4.4.2. Eine erweiterte Subjektivität: sich in einen Kaiman oder eine Spinne verwandeln

Stellen Sie sich vor, Sie krabbeln wie ein Frosch, bewaffnet mit einem Giftpfeil durch das Unterholz des Amazonas-Regenwaldes oder zirkulieren wie eine Harpyie über den Baumkronen: Was sehen und riechen Sie, und wie finden Sie Ihre nächste Mahlzeit?

Wie fühlt es sich an, wie ein Kaiman ins Wasser zu tauchen und regungslos zu lauern, während man seine Umgebung perfekt kontrolliert? In der Installation „Inside Tucumaque“, im April 2018 im Zentrum für Kunst und Medien (ZKM) in Karlsruhe realisiert, tauchen die Besucher ein in das Ökosystem des Regenwaldes im Nordosten Brasiliens. Diese Wälder bilden eine der wichtigsten Ressourcen der Welt. Sie sind nicht nur das größte Reservoir an Frischwasser und Biodiversität auf dem Planeten, sondern spielen angesichts fortschreitender globaler Erwärmung auch eine lebenswichtige Rolle bei der Absorption von Kohlendioxiden. Die Installation verwandelte die

Wahrnehmung der nichtmenschlichen Regenwaldbewohner mithilfe ultravioletter Farbspektren, extrem verlangsamter Bewegungen, Visualisierungen von Echolotsonden bis hin zu farbigen Nachtansichten und 3D-Raumklängen in eine visuelle, räumliche, taktile und tonale Sprache. Sobald man die Virtual-Reality-Brille aufsetzte, wurde man in die Welt der Tiere des Regenwaldes katapultiert. Man konnte in die Rolle eines Tieres schlüpfen und dessen Lebensraum erkunden. Diese Simulation entführte die Besucher in die Welt anderer Arten und ließ sie auf intuitive und sinnliche Weise an diesen fremden Lebensformen teilhaben.

Kaum ein Jahr nach Eröffnung der Ausstellung wurden die Regenwälder des Amazonasgebiets von einer ökologischen Katastrophe heimgesucht, Folge einer profitorientierten Politik der Brandrodung. Zum Erstaunen der Verursacher nahm diese ökologische Zerstörung die Dimensionen einer globalen Krise an und mobilisierte Protestbewegungen rund um die Welt. Ein wenig Hoffnung ist also erlaubt. Es entwickelt sich ein neues globales Umweltbewusstsein, das auf den Möglichkeiten digitaler Technologien beruht. Sie können nicht nur Bilder der Naturzerstörung an ein globales Publikum verbreiten, sondern uns sensibel machen für das, was wir verlieren.

Andererseits führt die Simulation der Handlungen eines Wesens einer anderen Spezies im virtuellen Raum nicht automatisch zu einer neuen Beziehung zur Natur. Solange man den Herausforderungen und Gefahren der Umwelt anderer Gattungen nicht ausgesetzt ist, kann sie einfach eine neue Form ästhetischen Konsums von Natur sein, ein Disneyland künstlicher Natur, in dem man die Bürden der Gesellschaft vergisst.

Mit einem Wesen einer anderen Spezies kommunizieren ist nicht einfach. Wir stoßen nicht nur auf eine andere Sprache, sondern auch auf eine Intelligenz, einen Körper und eine Lebensweise, die mit unserer eigenen oft unvergleichbar sind. Tiere und Pflanzen verfügen alle über semiotische Systeme, um der Welt einen Sinn zu geben und zu kommunizieren. Wie wir gesehen haben, verfügen alte Kulturen und heutige indigene Gesellschaften noch über ein breites Wissen in diesem Bereich. Die modernen Gesellschaften haben sich jedoch kaum dafür interessiert. So blieb vieles, was in der nichtmenschlichen Welt geschieht, lange Zeit unbemerkt, weil es für eine Spezies, die sich selbst als anderen überlegen betrachtet hat, kaum als relevant angesehen wurde. Das digitale Zeitalter hat jedoch einen neuen Traum vom Austausch mit Nichtmenschen hervorgebracht. Um die Hürden der Kommunikation mit ihnen zu überwinden, entwickelten Befürworter des Anthropozäns die Idee eines artenübergreifenden Internets. Seitdem man entdeckte, dass einige Tiere abstrakte Symbole und eine ausgefeilte Syntax verwenden, versuchen Wissenschaftler, mit ihnen in einen Dialog zu treten. Smart Interfaces sollten einen Austausch über Artengrenzen hinweg ermöglichen. Dabei sollten die fremden Wesen auch „antworten" können. Diese Idee, eine Schnittstelle im Geist einer anderen Spezies zu finden, basiert auf Experimenten mit Affen und Delphinen in Gefangenschaft. Sie haben gelernt, auf Fragen und Hinweise von Wissenschaftlern mithilfe von Touchscreens zu reagieren.[48] In den meisten Fällen haben ihre wissenschaftlichen Betreuer ihnen ein Vokabular und Gesten beigebracht, die nur für Menschen wichtig sind, um sie dann für mehr oder weniger intelligent zu halten, je nachdem, wie gut sie diese beherrschen konnten. Es ist wenig verwunderlich, dass Forscher mit Verbindungen zum Silicon Valley auf die Idee kamen, dass Delfine oder andere Tiere lernen könnten, sich über eine audio-visuelle Schnittstelle mit ihren Artgenossen in anderen Teilen der Welt zu verbinden. Ohne den Beitrag zu leugnen, den das Interspezies-Internet zur Sensibilisierung der Menschen für eine neue Umweltpolitik leisten könnte, ist die Kontinuität der technokratischen Logik hier greifbar.

Mithilfe digitaler Technologie einen Austausch mit nichtmenschlichen Wesen herzustellen, ist indes keine neue Idee. Es gibt bereits Programme der NASA in Zusammenarbeit mit Unternehmen aus dem Silicon Valley, um mit nichtmenschlichen Spezies zu kommunizieren, nämlich jenen, die auf anderen Planeten leben. Dieses „interplanetare Internet" zielte auf die Kommunikation zwischen der Erde und den Bewohnern anderer Planeten. Das „Interspezies-Internet" setzt diesen Ansatz fort. Die Tatsache, dass wir Technologien benötigen, um mit anderen Wesen zu kommunizieren, führt zu der Schlussfolgerung, die menschliche Technologie sei das wichtigste Bindeglied, um eine Gemeinschaft zwischen den Arten herstellen zu können. Anstatt an das Phantasma einer universellen Übersetzung zu glauben, macht es mehr Sinn, die Andersartigkeit nichtmenschlicher Wesen ernst zu nehmen. Wir sollten davon ausgehen, dass Tiere und Pflanzen andere Formen der Subjektivität besitzen, die sich dem menschlichen Verständnis widersetzen. Das stellt allerdings die

---

48 Siehe die Experimente von Diana Reiss, TED-Talk „The interspecies Internet? An idea in progress". TED-Talk, Februar 2013.

gängige Vorstellung in Frage, das Sprechen im Namen der Natur stehe allein dem Menschen zu. Wahrscheinlich verfügen andere Arten sehr wohl über Techniken, die ihnen erlauben zu kommunizieren, ohne auf unsere Technologien zurückgreifen zu müssen. Denken wir nur an die Kommunikation in der Tiefe der Dunkelheit des Ozeans, wo die meisten Lebewesen Licht als Kommunikationsmittel nutzen. Von biolumineszierendem Phytoplankton bis hin zu Quallen können diese Wesen bunte Funken sprühen. Sie erhellen ein Universum, dass die Menschen lange Zeit für schwarz und still hielten.

In der Verbindung zwischen Kunst, Computer und manchmal auch dem Labor sind Inszenierungen entstanden, die die Art und Weise stören, wie wir unsere Subjektivität im Angesicht der Natur konstruieren. Statt die nostalgische Sehnsucht nach der Natur zu bedienen, hinterfragen sie die Idee einer vom Menschen kontrollierten Kommunikation zwischen den Arten. Weit über den ästhetischen Konsum hinaus kann immersive Kunst neue Haltungen in Räumen erforschen, die zu einem Ort der Begegnung werden. So in der Ausstellung *On Air* des Künstlers Tomás Saraceno. Er inszeniert ein entstehendes Ökosystem, das die Polyphonie der fragilen und flüchtigen Bahnen und Rhythmen zwischen menschlichen und nichtmenschlichen Welten, zwischen dem Organischen, dem Belebten und der Technologie enthüllt (Abb. 9).[49] Sobald man die Installation betritt, erwacht sie zum Leben und macht den „Eindringling“ zum Teil des Systems. Die Materialität verwandelt sich in einen aktiven Mitspieler innerhalb einer multisensorischen Kommunikation. Denn die Besucher müssen sich mit den anderen Elementen in diesem Raum synchronisieren und subtile Veränderungen von Temperatur, Bewegung und Rhythmus wahrnehmen. Das erfordert Aufmerksamkeit und andere Körpertechniken als jene, die wir normalerweise benutzen, um uns im Raum zu bewegen. Die Sektion „Algo-r(h)i(y)tms“ dieses Werks führt uns in die Welt einer Spinne. Sie verwandelt den Ausstellungsraum in eine Netzlandschaft, die einem beweglichen Spinnennetz ähnelt und die Teilnehmer zu prekären Gleichgewichtsakten zwingt. Jeder der konvergierenden Knotenpunkte der Installation verweist auf die unterschiedlichen Frequenzen des Nachhalls mikro- und makroskopischer Phänomene. Das Spinnennetz mit 25 Metern

---

49 *On Air*, Ausstellung von Tomás Saraceno im Palais de Tokyo, Paris, vom 17.10. 2018-6.2.2019.

Durchmesser strahlt eine Frequenz von 58-178 Herz aus, den Spitzenfrequenzen der Signale entsprechend, die von einer Kugelwebspinne ausgesendet werden. Aus dem Zittern, das sie durch das Netz sendet und empfängt, erschafft eine Spinne eine Art materielle Erweiterung ihrer eigenen Sinne, vielleicht sogar ihres Geistes, soweit man das diesem Tier zugesteht.

Kein Wunder, dass diese komplexen Netze mit ihren endlosen Modifikationen wie abrupten Wechseln von Strukturen und Rhythmen, den Menschen aller Zeiten Modelle für Architektur und Textilien lieferten. Aber heute geht es um mehr: eine neue Kooperation zwischen den Arten erfordert eine neue Sinneskultur, die den lang tradierten Anthropozentrismus unserer Wahrnehmung unterläuft. Daher hinterfragen Künstler wie Saraceno unsere Wahrnehmungsstile, indem sie neue Sinneserfahrungen inszenieren. Die Besucher werden blind wie eine Spinne, bewegen sich in einem über dem Boden aufgespannten Netz, und fühlen die Vibrationen des Netzes wie der Geräusche der Spinnen in einer Art haptischem Konzert, welches das schwerkraftgebundene anthropozentrische Denken und Empfinden zeitweise aufhebt. Ein Energiefluss durchläuft den Raum wie eine erweiterte Physiologie. Die Materialität wird zu einem Agens, das die Beziehung zwischen Kunstwerk und Rezipient verändert, indem es beispielsweise durch rhythmische Vibrationen Energien ausstrahlt, die den Besucher unterhalb der Skala seiner bewussten Wahrnehmung beeinflussen.

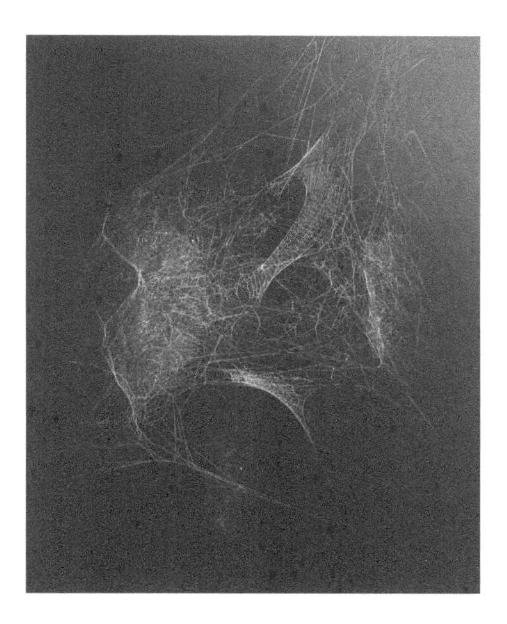

Abb. 9: Tomás Saraceno: Webs of At-tent(s)ion. 2020 Spider silk, glass, carbon fiber, metal, lights, silicone. Various dimensions. In: Ausstellungskatalog Tomás Saraceno. Aria 2020, S. 93

Mit dem Eintritt in den Lebensraum der Spinne müssen sie sich mit diesem Netz verbundener Wahrnehmungen synchronisieren und dabei die Resonanzfähigkeit des eigenen Körpers ausprobieren. Diese multisensorische, bewegte und rhythmisierte Erfahrung von Alterität fordert überkommene Klassifikationen und ihre entsprechenden Verhaltensstile wie Körpertechniken heraus. Die Kunst ermöglicht so eine Erfahrung, die im Laufe der Entwicklung der westlichen Zivilisation verloren gegangen ist: eine Interaktion mit unserer Umwelt, die uns Zugang zu einer Erfahrung des Zusammenlebens mit nichtmenschlichen Wesen verschafft. Wenn es dem Besucher gelingt, die Kontrolle abzugeben und in das Spiel einzutauchen, genießt er die sanften und aufregenden Empfindungen, die von den verschiedenen Elementen ausgehen, und erlebt fast eine Intimität mit dieser Umgebung, die seine besondere Sensibilität und Aufmerksamkeit erfordert. Um diese gleichzeitig unbekannte und vertraute Welt zu erkunden, muss man den Tastsinn oder den Geruchssinn gegenüber dem Sehsinn den Vorzug geben. Diese Umgebung fordert eine Öffnung zur Welt anstelle eines geschlossenen Körpers.

Der Austausch von Energien um den Körper des Besuchers herum impliziert eine Agenda, die nicht auf Macht und Kontrolle, sondern auf eine emotionale Architektur ausgerichtet ist. Sie manifestiert sich in leichten Bewegungen, die darin bestehen, Elemente der Installation zu ergreifen, sie in Richtung des Besuchers zu schieben und so eine Art Intimität, Berührung und gemeinsamen Atem zu schaffen, die diesen Raum charakterisieren. Der Besucher taucht in diese Welt ein, die ihn umgibt, und fordert alle seine sensorischen Fähigkeiten heraus. Er tritt in eine Kommunikation mit dieser künstlichen Umgebung ein, in der seine Bewegungen, diese Gesten und sogar sein Atem vielfältige Reaktionen der Elemente der Installation auslösen, die er weder vorhersehen noch beeinflussen kann. Auf welche Fähigkeiten und Dispositionen des Menschen und seines Körpers greifen diese Kunstwerke zurück?

In dieser lebendigen Architektur reagiert das Material wie ein lebendiger Organismus. Es ist ein Raum, in dem Energien und Kräfte widerhallen und der es dem Besucher nicht erlaubt, distanzierter Beobachter zu bleiben. Dank der Fähigkeit digitaler Technologien, dreidimensionale Bilder zu erzeugen, und in Kombination mit Bewegungsmeldern umgeben diese Räume den Besucher und nehmen ihn in sich auf.

In der interaktiven Kunst integrieren die Installationen den Betrachter in eine immersive Erfahrung. Sie werden eins mit dem menschlichen Körper. Die Idee eines gemeinsamen Atems, der Berührung und der Intimität führt zu einer Erfahrung des Raums außerhalb des Dispositivs der Kontrolle und der entsprechenden Abgrenzungspraktiken, an die wir als Formen des Selbstschutzes im Außenraum gewöhnt sind. Was vom Besucher gefordert wird, ist eine Offenheit für den Austausch mit anderen Elementen, die den Raum bevölkern, ein Austausch, der aus Kontingenzen besteht, die weder vorhersehbar noch kontrollierbar sind. Er fühlt sich assimiliert und verschlungen von einem Raum mit dichter Tiefe und Textur, der sich peristaltisch bewegt, manchmal synchron mit ihm, manchmal nach seinem eigenen Rhythmus. Bewegung wird zu einer primären Wahrnehmungstechnologie, die die verschiedenen Sinneserfahrungen miteinander verbindet, indem sie den vestibulären Sinn, die Propriozeption bis hin zum kinästhetischen Sinn einschließt. Immersion ist genau diese Erfahrung der Integration von bewussten und vorbewussten Körperzuständen, bei der das Subjekt in ein Universum einbezogen wird, in dem alles miteinander kommuniziert und alles miteinander verflochten ist. Diese Installationen sind die lebendigen Orte einer Interaktion von Kräften, Energien und Resonanzen, die ein Wissen ansprechen, das tief in unserem Körper verankert ist, aber im Alltag der westlichen Zivilisationen weitgehend vernachlässigt wird. Was gefordert wird, ist eine Offenheit für den Austausch mit anderen Elementen, die den Raum bevölkern, der weder vorhersehbar noch kontrollierbar ist. Immersion ruft imaginäre Situationen, Assoziationen und Affekte hervor. Immersive Kunst hilft uns, das Potenzial der Medien für die Ausweitung unserer Sensibilität zu entdecken. Immersive Räume erfordern eine mentale Bereitschaft, auf kleinste Vibrationen und Resonanzen zu achten, die von dieser Umgebung ausgehen. Anstatt den Klang auf das Ohr zu reduzieren, lassen sie uns erleben, wie diese Vibrationen und Resonanzen der Stimmen dieser synthetischen Natur unseren ganzen Körper einbeziehen. Diese Form der Kommunikation zu erlernen, die alles organische Leben miteinander verbindet, wäre ein Schritt auf dem Weg zu einer artenübergreifenden Gemeinschaft auf dem gemeinsamen Planeten.

Im Laufe der Menschheitsgeschichte nährte das Imaginäre von anderen Spezies den Wunsch und die Praktiken des Zusammenlebens mit anderen nichtmenschlichen Wesen. Heute sind es vor allem die digitalen Medien, die eine Welle der Identifikation mit anderen Spezies ausgelöst haben. Anstatt diese Medien im engen Rahmen eines rein technologischen Dispositivs wahrzunehmen und zu nutzen, gilt es, ihr sinnliches, imaginäres und künstlerisches Potenzial zu entdecken. Auf der Suche nach einem verlorenen Wahrnehmungsreichtum müssen wir eine neue auditive und visuelle Kultur entwickeln, und die digitalen Medien kommen uns dabei zu Hilfe. 3D-Bilder und virtuelle Realität entführen uns in die Welt der nichtmenschlichen Wesen. Das kann ambivalent und verwirrend sein, weil uns eine Wahrnehmungsbereitschaft für Diskontinuitäten abverlangt wird, die uns kein kohärentes Bild der Umwelt mehr vermittelt. Wir müssen auf diese „Anderen“ und ihre zuweilen kaum hörbaren Geräusche achten. Gleichzeitig macht uns diese Erfahrung sensibel für die Verbindung zwischen allen Lebensformen und für das, was sie umgibt, auf die Ko-Konstruktion des Raums durch alle Organismen, die ihn teilen. Auf diese Weise könnten wir das verwirklichen, was Nietzsche als „Ohrenphilosophie“ vorgeschlagen hat: der Stimme der Natur lauschen und uns in das große Konzert der Wesen einfügen. Diese tiefgreifende Veränderung unserer Wahrnehmungsgewohnheiten erfordert weit mehr als nur geeignete Tontechnologien: Sie würde eine Sensibilität erfordern, die sich einer anderen Welt öffnet. Heute wie zu Beginn des vergangenen Jahrhunderts ist eine neue Sinneskultur die Bedingung für ökologisches Handeln und eine Kooperation jenseits der Gattungsgrenzen. Dies führt uns zurück zum kulturellen Ideal des labilen und resonanten Menschen der Moderne. Eine Anthropologie der Bescheidenheit greift dieses Ideal im digitalen Zeitalter wieder auf. Sie ist Teil einer neuen Politik der Sinne, die geeignet ist, ein Subjekt zu formen, das für andere Wesen empfänglich ist. Sich in Beziehungen mit ihnen eingetaucht zu finden, anstatt ein Subjekt mit moralischen Verpflichtungen zu sein, erfordert eine neue Sinneskultur, die diese Reziprozität ermöglicht. Aufmerksam und in der Lage, sich mit den verschiedenen Zeitlichkeiten und Rhythmen der nichtmenschlichen Umwelt zu synchronisieren, würde der Mensch auf diese Weise in die Mehrartengemeinschaft der Ökologie integriert. Die Bedeutung neuer Praktiken des Zuhörens für eine Veränderung unserer Beziehung zur Natur kann kaum unterschätzt werden. Wieder zu lernen, aufmerksam zu sein und auf die Geräusche anderer Arten zu hören, ist ein riesiger Schritt in Richtung einer Zukunft, die sie einbezieht.

> Wenn wir unsererseits zu einer solchen Zuwendung fähig wären – wenn wir zu einem solchen aufmerksamen Zuhören und performativen Synchronisieren in der Lage wären – dann würde das gesamte Konzept von ‚Natur' oder ‚Umwelt' radikal revidiert.[50]

Das artenübergreifende Imaginäre trägt zu einer Kritik des Anthropozentrismus bei und inspiriert zu einer neuen Beziehung zur Natur.[51] Dabei wird uns bewusst, wie die geteilte Plastizität der Wesen Lebenstechniken entstehen lässt, die sich über die Artengrenzen hinweg ähneln. Dies erfordert

50 „Were we capable of reciprocating in turn – were we able to conduct such close listening, and performative attunement – then the whole concept of "nature" or "environment" would be radically revised." Pettman 2017, S. 135.

51 Vgl. Hall 2011, S. 14: „Lacking in meaningful relationships of kinship, care, and solidarity, we risk complete human ecological dislocation." („Das Fehlen bedeutungsvoller Beziehungen von Verwandtschaft, Fürsorge und Solidarität birgt das Risiko totaler ökologischer Entfremdung des Menschen.")

eine neue Sensibilität, die diese Gegenseitigkeit ermöglicht. Wie wir sehen werden, ist unsere Spezies für dieses Unterfangen gar nicht so schlecht ausgestattet.

Kapitel IV. Neudenken der Technologie: Lebenstechniken jenseits der Gattungsgrenzen

IV.1. Die Natur überlisten? Wissenskulturen und die Rolle der Technologie

Die zwiespältige Rolle des Menschen bei der Gestaltung der Natur begleitet unsere Geschichte. Die Art und Weise, wie wir die Natur wahrnehmen und mithilfe unserer Technologien umgestalten, variierte zwar erheblich je nach Epoche und Kultur. Aber nur in den seltensten Fällen waren es die Interessen anderer Spezies, die sie motivierten.

Seit der wissenschaftlichen Revolution im späten 16. Jahrhundert entstand eine neue Wissenskultur, die auf einem methodischen und experimentellen Ansatz beruhte. Seine unbestreitbaren Leistungen wurden weitgehend auf Kosten der Natur erbracht. Francis Bacon, einer der berühmtesten Protagonisten der Naturwissenschaften jener Zeit, ging davon aus, dass menschlicher Fortschritt nur durch die Beherrschung der Natur entsteht. Es war der Wunsch nach Autonomie gegenüber der Natur, der die neuen wissenschaftlichen Praktiken motivierte, die das ökologische Wissen der alten Gesellschaften für obsolet erklärten.

Seit dieser Zeit galt die Explikation als der „wahre und wirkliche Grundbegriff der Moderne“, so Peter Sloterdijk.[1] Seine Kritik an der modernen Mentalität – die auch in der heutigen Zeit noch gültig ist – denunzierte diese als „Feldzug gegen das Selbstverständliche, das früher Natur hieß“[2], der aus „Vermutungen Operationen“ macht, „Träume in Gebrauchsanleitungen“ und das „Monströse ins Alltägliche“ übersetzt.[3] Obwohl in den Lebenswissenschaften seit langem ein distanziertes Verhältnis zur Natur vorherrschte, entstand das Wort „Wissenschaftler“ erst

1 Sloterdijk 2004, S. 87.
2 Ebd., S. 192.
3 Ebd., S. 88.

im Industriezeitalter. Bis in die 1830er Jahre war der Beobachter der natürlichen Welt als „Naturphilosoph" (*natural philosopher*) bekannt.

Die heutigen Biotechnologien führen diesen instrumentalistischen Ansatz weitgehend fort. Seine Problematik zeigt sich vor allem in der Schaffung neuer Arten.

IV.1.1. Prometheus in neuer Gestalt: der Mensch als Schöpfer neuer Spezies

In der Nachfolge von Francis Bacon verstanden sich die Lebenswissenschaften des 18. Jahrhunderts als experimentelle Wissenschaften. In diesem Kontext war die Vivisektion von Tieren eine weit verbreitete Praxis und die Philosophen der Aufklärung verfolgten diese Experimente mit großem Interesse. Trotz ihres Anthropozentrismus waren die Aufklärer von der Kreativität der Natur fasziniert, die durch komplexe Kombinationen unerwartete Formen hervorbringt. In Anlehnung an dieses Prinzip stellte sich z.B. Denis Diderot eine experimentelle Technologie zur Vermischung von Arten vor.[4] In „D'Alemberts Traum" schlägt einer der Gesprächspartner vor, eine neue Rasse zu schaffen, die „Ziegenfüße", ein Hybrid aus Mensch und Ziege. Wie Mademoiselle de Lespinasse, eine weitere Gesprächspartnerin in dieser fiktiven Debatte, bemerkt, wäre diese Rasse „kräftig, unermüdlich, intelligent und flink" und perfekt für die Rolle des Dieners geeignet.[5] Im Übrigen sind die jüngsten Gentechnologien durchaus in der Lage, derartige Visionen zu verwirklichen. Im Laufe der Geschichte wurde die Vermischung von menschlicher und tierischer Biologie jedoch als riskant und beängstigend angesehen. Die Chimären der Mythologie, monströse Kreaturen mit dem Kopf eines Löwen, dem Schwanz einer Schlange und Feuer speiend, versetzten schon die Griechen in Angst und Schrecken.

Durch die Transformation der Natur wollte der Mensch Leben schaffen, was lange Zeit als Domäne Gottes und als Sakrileg angesehen wurde. Dennoch findet sich beispielsweise in der jüdischen Tradition die Figur

---

4 Vgl. Diderot 1875, S. 183: „Die Kunst, Wesen, die nicht existieren, durch Nachahmung der vorhandenen zu erschaffen, ist wahre Poesie."

5 Ebd., S. 189.

des Golem, eine Belebung der formlosen Materie. Diese Figur aus Lehm wird zum Leben erweckt mittels einer religiösen Magie, die sich auf die Sprache stützt. Die Geschichte des Golems beinhaltet eine ganze Hierarchie des Lebendigen. Der Mensch erschafft neue Wesen durch das, was ihn vom Rest der Natur unterscheidet und sein Gefühl der Überlegenheit begründet: seine intellektuellen Fähigkeiten, symbolisiert in der Sprache. Der Golem allerdings entkommt seinem Schöpfer, dem Rabbi, und verwüstet alles auf seinem Weg durch die jüdische Siedlung. Es ist kein Zufall, dass der Golem-Mythos vom Regisseur Paul Wegener in einem der besten Stummfilme der Moderne aufgegriffen wurde. Was seine Zeitgenossen am meisten beunruhigte, war die Macht der Technologie, die Natur zu verwandeln und künstliches Leben zu erzeugen. Die Moderne hatte ein ambivalentes Verhältnis zu Technologien, das von Misstrauen und Ängsten geprägt war. Von „Metropolis" bis „Frankenstein" verfolgt das Phantasma des Wissenschaftlers, der im Labor monströse Wesen erschafft, die moderne Gesellschaft.

Die Natur mittels moderner Technologie zu instrumentalisieren, finden wir in Form einer „Bio-Logik"[6] bis in die heutige Nano- und Biotechnologie. In dieser aus dem Maschinenzeitalter überkommenen Logik findet die Interkonnektivität von Ökosystemen kaum Berücksichtigung. Ökosysteme

6 Vgl. Kelly 1994, zit. nach: Cruz/Pike 2008, S. 9. „[…] the 'principles of biologic' merging engineered technology and unrestrained nature until the two will become indistinguishable […]. In the coming neo-biological era […] there might be a world of mutating buildings, living silicon polymers, software programs evolving offline, adaptable cars, rooms stuffed with coevolutionary furniture, gnatbots for cleaning, manufactured biological viruses that cure your illnesses, neural jacks, cyborgian body parts, designer food crops, simulated personalities, and a vast ecology of computing devices in constant flow." („[…] die ‚Prinzipien der Bio-Logik' verschmelzen die Ingenieurtechnologie mit ungezügelter Natur, bis beide nicht mehr zu unterscheiden sind […]. Im kommenden neobiologischen Zeitalter […] könnte es eine Welt der sich verändernden Gebäude, der lebenden Siliziumpolymere, der sich offline entwickelnden Software, der anpassungsfähigen Autos, der mit koevolutionären Möbeln gefüllten Räume, der Gnatbots für die Reinigung, der hergestellten biologischen Viren, die ihre Krankheiten heilen, der neuronalen Buben, der cyborgianischen Körperteile, der Esskulturen der Schöpfer, der simulierten Persönlichkeiten und einer riesigen Ökologie sich ständig weiterentwickelnder Computergeräte geben.")

funktionieren jedoch nach einem nichtlinearen und komplexen Muster. Daher wissen wir noch sehr wenig über die Auswirkungen, die selbst eine scheinbar unbedeutende Veränderung in einer Natur auslösen kann, in der jeder Organismus vielfältige und unterschiedliche Wechselwirkungen mit allen anderen Organismen unterhält. Die „Biologik" ist umso gefährlicher, seit die Biotechnologie des späten 19. und frühen 20. Jahrhunderts mit der synthetischen Biologie und den digitalen Techniken verbunden werden kann. Mit der aktuellen Revolution der petrochemischen und gentechnischen Verfahren synthetisieren und ordnen wir das genetische Alphabet neu an. CRISPR, eine bakterielle DNA, die als transformatives Werkzeug zur Genbearbeitung dient, ermöglicht genetische Veränderungen, die noch vor zwanzig Jahren unvorstellbar waren. CRISPR erlaubt die Erfindung neuer biologischer Lebensformen und die irreversible Veränderung bereits existierender. Mittels Genom-Engineering und der Erschaffung von Leben – oder sogar neuen Arten – begibt sich der Mensch auf ein gefährliches Terrain zwischen Manipulation und Ausbeutung der Natur. Seit der Entdeckung einer neuen Technik der Gentechnik im Jahr 2014, dem *Gene Drive*, stellt sich dieses Problem noch dringlicher. Es handelt sich um eine Kombination aus dem Einfügen eines veränderten Gens mit einer Kopie von CRISPR. Die beiden DNAs modifizieren effektiv und seriell die Gene einer Gattung, indem sie deren Evolution für immer verändern. Die Organismen besitzen fortan nicht nur das veränderte Gen, sondern auch den CRISPR-Mechanismus selbst, der bewirkt, dass sich diese Veränderung automatisch und unendlich oft in allen Nachkommen der betreffenden Art wiederholt. Mit CRISPR erhält der Traum vom Menschen als Artenschöpfer einen neuen Impuls. Wenn es möglich ist, ausgestorbene Arten wiederzubeleben oder neue biologische Lebensformen zu erfinden, erheben wir uns dann wieder einmal zum Schöpfergott? Der *Gene Drive* ist eine effiziente und unsichtbare Technologie, die sich eigenständig verbreitet und eine tiefgreifende Veränderung der Natur bewirkt. Das hat zur Folge, dass wir heute in der Lage sind, ganze Arten auszurotten oder zu verändern, z.B. durch einen *Gene Drive*, der nur männliche Tiere hervorbringt. Wir können sogar neue Arten nach unseren Wünschen zu erschaffen. Wenn man dazu noch die Möglichkeiten der Nanotechnologie – der Schlüsseltechnologie des 21. Jahrhunderts – hinzufügt, die es ermöglicht, biologische Systeme mit elektronischen Schaltkreisen zu kombinieren, indem sie die internen

Funktionen von Pflanzen und Tieren moduliert, kann man eine Software bauen, die lernen kann, Leben zu erschaffen und Organismen in einem bisher unbekannten Ausmaß zu verändern. In dieser Verbindung zwischen Bio- und Nanotechnologie wird jede Form künstlicher Lebensgestaltung möglich, bis hin zur Neudefinition der Evolution. Unsere Umwelt wird sich also grundlegend verändern, und die damit verbundenen Ängste sind sowohl in der Logik begründet, die diese neuen Technologien beherrscht, als auch in den fatalen Folgen, die sie für die Zukunft unseres Planeten haben könnten. Die Auflösung der Grenzen zwischen lebenden und unbelebten Systemen beschwört Visionen von Monstern und einer Zukunft mit synthetischen Pflanzen, Tieren und genetisch replizierten Menschen herauf. Die Erschaffung von Wesen, die die Biologie des Menschen mit der von Tieren vermischen, ist keine ferne Vision mehr. Natürlich teilen wir einen großen Teil unserer DNA mit anderen Arten: zum Beispiel neunzig Prozent unserer Gene mit Mäusen und sogar fünfunddreißig Prozent mit einem einfachen Madenwurm, ganz zu schweigen von jenem Teil unserer Gene, der mit den Pflanzen verwandt ist. Aber die aktuellen biotechnologischen Experimente, bei denen beispielsweise menschliche Organe in Schweinen oder Ziegen gezüchtet werden, bevor sie in einen menschlichen Körper transplantiert werden, lösen immer noch ein Gefühl des Widerwillens aus. Obwohl wir selbst Hybridwesen sind, stellt die Vorstellung, die Biologie des Menschen mit der anderer Arten zu vermischen, jene Anthropologie in Frage, die auf der Idee eines „Wesens" und einer „Reinheit" des Menschen beruht. Die bis heute fortbestehende Vorstellung von Überlegenheit und Originalität, die der Mensch sich selbst immer zugestanden hat, wird durch eine solche Auflösung der Grenzen bedroht, was einige der Vorbehalte gegenüber diesen Technologien erklärt.

Aber es gibt noch weitere Gründe, dieser Entwicklung zu misstrauen. Immer häufiger vermischen sich das Technische und das Organische, bis es nicht mehr zu unterscheiden ist. Wir befinden uns in einem beunruhigenden Bereich allmählicher Übergänge und Vermischungen, die oft außerhalb unserer Kontrolle liegen. Wir haben es mit veränderten Organismen zu tun, die – im Gegensatz zu dem Labor, aus dem sie stammen – Grenzen überschreiten, Beziehungen zu anderen Arten unterhalten und sich weltweit verbreiten. Dieselbe Technologie hat die Macht, die Welt zu retten oder zu zerstören. Diese Situation ruft apokalyptische Szenarien wie aus einem Hollywood-Blockbuster hervor: böse Konzerne, die gentechnisch veränderte Organismen aus Profitgier verbreiten, geheime militärische Experimente wie gentechnisch veränderte Insekten, die Krankheiten übertragen oder die Arbeit von Bestäubern sabotieren, die die Landwirtschaft unterstützen. Diese dystopischen Visionen sind gar nicht so unwahrscheinlich, da die großen globalen Agrarkonzerne (wie Monsanto) bereits die Patente für gentechnisch veränderte Lebensmittel besitzen.

Es gibt also viele Beispiele, die das Misstrauen rechtfertigen: Man schuf „verbesserte" Pflanzen, deren chemische Funktionen durch die Einführung von Elektronik erweitert wurden. Auf die gleiche Weise wollte man das Wachstum von Bäumen für die Papierindustrie beschleunigen. In den USA veränderten Forscher die DNA von Schädlingen durch eine Genmutation, die zum Tod von Bienenschwärmen führte. *Gene Drives* sind nur ein Element in einer Kette von genetischen Werkzeugen, die unsere Zukunft grundlegend verändern werden. Das betrifft auch unsere Sicht auf die Natur als einem Ort des „Anderen".

Wir haben unsere Technologien so lange dazu benutzt Probleme zu lösen, die von ihnen verursacht wurden, dass uns die Idee, Drohnen zur Bestäubung von Ernten einzusetzen, wenn die Bienen durch Pestizide aussterben, durchaus logisch erscheint.

Aber die Gentechnologie ist weit gefährlicher. Die Einführung gentechnisch veränderter Organismen in das Ökosystem kann zu irreversiblen Schäden führen, weil sie Teil der Natur werden. Schlimmer noch: Sie können unvorhersehbare Mutationen in anderen Organismen hervorrufen, die ganze Ökosysteme gefährden. Die „Bio-Verschmutzung" wird sich als noch katastrophaler erweisen als das im Industriezeitalter vorherrschende chemische Paradigma. Während die chemische Verschmutzung – obwohl sie schädlich ist – sich verteilen und allmählich verschwinden kann, ist die Bio-Verschmutzung selbstreplizierend.

Weitgehend der Techno-Logik geschuldet, die die Biotechnologie beherrscht, weist auch unser Wissen über die ökologischen und evolutionären Auswirkungen des *Gene Drive* erhebliche Lücken auf. Es stellen sich viele Fragen: Könnte ein *Gene Drive* ein Virus stoppen, um damit einem anderen, virulenteren erst den Weg zu ebnen? Könnte er von einer Spezies zu einer anderen springen, die der ersten nahe steht? Welche Auswirkungen hätte es auf die Umwelt, wenn die Gene einer ganzen Art verändert oder gar ausgerottet würden? Da Ökosysteme auf Resilienz hin entwickelt sind, sind sie auch sehr schwer vorherzusagen und zu gestalten. Wir leben in einer natürlichen Umwelt, die hoch komplex, desorientierend und oft unberechenbar ist. Das haben wir lange unterschätzt.

Das Dilemma unserer Technologien ist vor allem ethischer Natur. Um der traditionellen Technoarroganz und Sorglosigkeit gegenüber den Auswirkungen unserer technologischen Praktiken auf andere Arten ein Ende zu setzen, ist die Anthropologie der Bescheidenheit gefragt. Zugegeben, dass unsere Technologien Fragen aufwerfen, auf die selbst „Experten" keine Antwort haben, oder das Eingeständnis der Grenzen unseres Wissens und die Übernahme der Verantwortung dafür sind ein erster Schritt in die richtige Richtung. Das ist keineswegs üblich, wie die Probleme bei der Regulierung des *Gene Drive* zeigen. Eine Expertenethik durch Selbstregulierung und freiwillige Ethikrichtlinien – die selten verpflichtend und schwer zu überwachen sind – reicht nicht aus. Selbst eine globale Kontrolle, z.B. durch die Vereinten Nationen oder die Weltgesundheitsorganisation, erwies sich als verwundbar gegenüber dem Einfluss von Wissenschaftlern und den Befürwortern des *Gene Drive*. Und wie soll man eine Technologie regulieren, die nicht nachweisbar, selbstreplizierend und in der Lage ist, sich über alle Grenzen hinweg zu verbreiten?

Es ist verständlich, dass die Logik der Instrumentalisierung der Natur, die unsere Technologien noch immer beherrscht, manche Umweltschützer dazu führen, in ihnen nichts anderes als Instrumente der Zerstörung zu sehen. Dennoch ist dieser Zustand nicht unvermeidlich. Auch wenn sie problematisch bleibt, brauchen wir die Biotechnologie, um den Planeten zu retten, da durch menschliche Aktivitäten mehr Arten als je zuvor vom Aussterben bedroht sind. Der Kern des Problems ist also nicht die Technologie an sich. Die gleichen Technologien können neue Wege eröffnen, um vom Aussterben bedrohte Pflanzen und Tiere wieder anzusiedeln und Lösungen für die Verschmutzung des Planeten zu finden. Mithilfe der heutigen Biotechnologie sind wir sogar in der Lage, einen Teil der bedrohten oder sogar ausgestorbenen Arten „neu zu erschaffen".

IV.1.2. Probleme der Rettungsökologie: eine Natur nach dem Geschmack des Menschen?

Da wir zum großen Teil für das Aussterben anderer Arten verantwortlich sind, sind wir verpflichtet, die noch vorhandenen zu retten. Mehr als eine Million Spezies sind bereits vom Aussterben bedroht. Die Zahl der Arten auf der Erde ist rückläufig und wir haben etwa 1000 von ihnen ausgerottet, während mehr als 20.000 – oder sogar noch mehr – bedroht sind. Zehn Prozent der Gattungen werden infolge des Klimawandels aussterben. Aber das ist nur ein Teil der Geschichte. Wir haben auch zur *Verbreitung* anderer Arten beigetragen, und zwar nicht nur derjenigen, die wir domestiziert haben. Ein asiatischer Steppenvogel, der Sperling, hat auf landwirtschaftlichen Betrieben und in Städten einen Lebensraum gefunden, der seinem ursprünglichen Lebensraum ähnelt. Für seine Einführung in den USA ist ein einziger Mann verantwortlich: Eugen Schieffelin. Dieser begeisterte sich vor allem deshalb für den Vogel, weil er in Shakespeares Dramen vorkommt. Heute gibt es weltweit etwa fünfhundert Millionen Spatzen, die in eigenständige Arten unterteilt sind.[7] Andererseits gibt es auch Verlierer: so wie „Lonesome George", die letzte Schildkröte auf Pinta Island, die zu spät ihre Fürsprecher fand.

Unsere – oft willkürlichen – Vorlieben haben schon immer die Auswahl unserer ökologischen Rettungsprogramme beeinflusst. Schon heute überleben viele Tier- und Pflanzenarten nur, weil sie in Gehegen, Brutstätten oder Labors gezüchtet sind, um eines Tages wieder in die Wildnis zurückgebracht zu werden. Mit der Einrichtung von Nationalparks zu Beginn des vorigen Jahrhunderts wollte man die Natur vor der Zerstörung durch die Industrialisierung schützen, die immer mehr Gebiete für sich beanspruchte. Diese Strategie privilegierte jedoch die in diesem Lebensraum heimischen Arten und schloss andere aus. So auch im Yellowstone Park in den USA. Dort wurden die Wölfe ausgerottet, denn sie galten als „böse", gefräßige und blutrünstige Raubtiere. Einige Jahrzehnte später hatten sich die Wapitis – die zur Familie der Rothirsche gehören und vor allem deshalb so beliebt waren, weil sie Pflanzenfresser sind – auf zwanzigtausend Tiere vermehrt. Sie grasten alles ab, was ihnen in den Weg kam, bis ein

7 Vgl. Thomas 2018, S. 30.

Großteil des Weidelands im nördlichen Teil des Parks verwüstet war und nur noch Steppen mit beschädigter Vegetation zurückblieben. Seit der Wiederansiedlung von Wölfen vor über 20 Jahren ist das Gleichgewicht des Ökosystems im Park wieder hergestellt.

Da die globale Erwärmung die Ökosysteme verändert hat, ist ihre völlige Erhaltung gar nicht mehr möglich. Verluste von Pflanzen- und Tierarten müssen also in Kauf genommen werden. Wir sind zwar nicht die einzigen Konstrukteure einer Zukunft, aber es bleibt dabei, dass wir angesichts des beschleunigten Prozesses des Artensterbens eine Auswahl treffen müssen. Dies scheint nicht allzu schwierig zu sein, solange es darum geht, Rückzugsgebiete zur Rettung gefährdeter Arten zu schaffen. Ein kleiner Teil der für die Artenvielfalt wichtigen Gebiete wurde geschützt, z.B. durch die Einrichtung von Naturschutzgebieten, die bereits viele Tiere und Pflanzen vor dem Aussterben bewahrt haben. Darüber hinaus müssen wir „Korridore“ anlegen, die sie vor den Folgen des Klimawandels schützen. Das bedeutet, Tiere und Pflanzen „umzusiedeln“, von einem Ort zum anderen zu bringen, wo sie sich weiterentwickeln können.[8]

Wir entscheiden also bereits, welche Arten zu den Verlierern gehören und welchen wir helfen, zu Gewinnern zu werden. Das ist sicher eine schwierige Entscheidung, aber wir kommen nicht umhin, sie zu treffen.

Auch für die Pflanzen gibt es solche Rettungsprogramme, wie die „Millennium Seed Bank“ des Royal Botanic Garden im englischen Kew. Sie ist die größte Lagerbank für Pflanzen und gehört zu einem Forschungszentrum, das auch Ausstellungen organisiert, um ein breites Publikum für den Schutz der Biodiversität zu motivieren.

Die „Millennium Seed Bank“ archiviert nicht nur Pflanzensamen, sondern versucht darüber hinaus, überkommene oder vom Aussterben bedrohte Arten zu reproduzieren, um sie anschließend wieder in ihren ökologischen Kontext zu integrieren.

Eine vergleichbare Strategie wurde zur Rettung von Korallenriffen entwickelt. Der Ozean ist ein Ökosystem, das siebzig Prozent der Erdoberfläche bedeckt. Der menschliche Einfluss schwächte diese Unterwasserwelt und verringerte deren Sauerstoffgehalt bei gleichzeitiger Erhöhung

8 Siehe Dunn 2021, S. 66-67.

des Säuregehalts im Wasser. Mit dem Verlust der Korallen geht auch eine enorme Vielfalt an anderen Tieren, Pflanzen und Organismen verloren, die dort ihren Lebensraum finden. Forscher untersuchten Gene von jenen Korallen, die die Überhitzung der Ozeane besser als andere durch veränderte Überlebenstechniken überstehen. Dann reproduzierten sie diese Korallen im Labor, um sie anschließend im Ozean auszusetzen.[9]

Die Länder der Karibik stellen derzeit eine genetische Speicherbank für Korallen zusammen. Sie könnte als Grundlage für eine Wiederansiedlung dienen, falls die derzeitigen Riffe absterben. Genetische Methoden wie die selektive Zucht oder die Übertragung oder Kreuzung von Genen – wie die hitzeresistenten Gene in Korallen – sind Techniken, die seit langem in der Landwirtschaft sowie bei Hauspflanzen und -tieren angewandt werden. Dasselbe könnte man auch für Wälder tun, indem man hitzeresistentere Bäume pflanzt.

Man kann auch zwei ökologische Rettungsstrategien miteinander kombinieren: So wie in den Futterparks für den Nördlichen Beutelmarder in Australien. Diese eichhörnchengroßen Tiere ernähren sich vorzugsweise von Schilfrohrkröten, einer invasiven und giftigen Art, die zu einem Massensterben von Beutelmardern führte. Es gab jedoch eine Ausnahme, nämlich jene in einer Region in Queensland, die sich stark vermehren. Ökologen der Universität Melbourne fanden heraus, dass die Tiere in dieser Region ein Gen entwickelt hatten, das dazu führte, dass sie diese Kröten nicht mehr fressen mochten. Durch selektive Zucht von Beutelmardern aus Queensland mit solchen, denen dieses Gen fehlte, stellten die Wissenschaftler fest, dass die Hybridnachkommen das Gen geerbt hatten. Diese Technik der selektiven Zucht nennt man „targeted gene flow“ (*gezielter Genfluss*). Sie scheint den evolutionären Prozessen in der Natur sehr nahe zu kommen. Dabei werden günstige Gene identifiziert und auf quasi natürliche Weise durch Fortpflanzung infiltriert. Nachdem diese krötenunempfindlichen Marder in anderen Gebieten eingeführt worden waren, erbte der gesamte Nachwuchs der Tiere das Überlebensgen. Durch diese „Beschleunigung“ von Evolution hofft man, auch anderen vom Aussterben bedrohten Arten zu helfen. Sie hat jedoch ihre Grenzen: wie andere Tiere und Pflanzen sind

9 Vgl. Cave/Gillis 2017.

Beutelmarder sowohl durch den Verlust ihres Lebensraums als auch durch das Eindringen von Räubern aus anderen Teilen der Welt bedroht.

Das Eingreifen des Menschen in die zukünftige Entwicklung anderer Arten bleibt problematisch. Wir haben noch nicht einmal alle Kreaturen erfasst, die den Planeten bevölkern, und täglich kommen neue Arten hinzu, die sich weiterentwickeln. Dies ist darauf zurückzuführen, dass die Klimaerwärmung Pflanzen und Tiere aus wärmeren Zonen begünstigt, die häufiger vorkommen als andere. Aber die Migration von Tieren und Pflanzen in andere Klimazonen, die früher zu kalt waren, kann die in diesen Regionen heimischen Organismen gefährden und deren Lebensräume aus dem Gleichgewicht bringen, die eine spezifische Artenvielfalt benötigen. Daher müssen wir erst das Wissen über die internen Verbindungen dieser Biotope zurückgewinnen. Eines aber ist sicher: Oft kann der Verlust eines einzigen Organismus ein System schädigen, das auf dem labilen Gleichgewicht der Interaktion der Arten beruht. Doch genau hier beginnt das Problem. Obwohl die Molekularbiologie über Techniken verfügt, um die Millionen von Organismen aufzuspüren, die dem Menschen noch unbekannt sind, und wir jeden Tag noch mehr bislang unbekannte Arten entdecken, wissen wir noch lange nicht genug über ihre Vernetzung und ihre Funktionen im Ökosystem. Wie wird sich eine Beschleunigung des Evolutionsrhythmus auf die Arten auswirken? Wie werden unsere Eingriffe ihre Verteidigungsstrategien beeinflussen? Denn auch andere Arten verändern sich und entwickeln neue Überlebenstechniken, um auf die Herausforderung des Klimawandels zu reagieren. Sie können sich anpassen, wenn die natürliche Selektion stark ist, und ihre Evolution sogar beschleunigen. Tatsächlich ist die Natur vielleicht sogar noch komplexer, wenn es um die Auswirkungen des Menschen auf den Planeten geht. Jedes Ökosystem ist eine komplexe, interdependente und instabile Gesamtheit, die darauf abzielt, ihre Kohärenz in einem prekären Gleichgewicht zu erhalten. Wenn z.B. 600 Korallen an einem Nachmittag im Labor produziert und einige Monate später wieder ausgewildert werden können, wie wird das Ökosystem auf diese Eingriffe reagieren?

Zunächst einmal muss man wissen, dass ein Großteil der Arten gar nicht geklont werden kann, wie viele Bakterien, Pilze und Insekten, die die Grundlage der Biosphäre bilden. Und es stellt sich eine weitere Frage: Wer wird über das Schicksal anderer Arten entscheiden und auf welche Weise?

Welche Eingriffe sind akzeptabel und wie bestimmt man den richtigen Zeitpunkt des Eingriffs? Sind Multi-Spezies-Parks nur eine neue Version des Menschen, der die Welt neu erschaffen will? Wird dadurch eine Natur nach dem Geschmack und den Vorlieben des Menschen geschaffen?

Wir sind in einem Teufelskreis gefangen: Da wir im Wesentlichen für ihren derzeitigen Zustand verantwortlich sind, haben wir gar nicht mehr die Wahl, nicht in die Natur einzugreifen. Wie wir das tun könnten, ohne den Ökosystemen weiter zu schaden, bleibt die große Frage. Und sie ist dringend, da das Geo-Engineering gerade eine neue Anwendung entdeckt hat, die alle anderen übertrifft: Um die Überhitzung des Planeten zu verhindern versucht man, die Sonne absichtlich zu verdunkeln, indem man schwefelhaltige Partikel in die Atmosphäre schickt. Was wie der Gipfel menschlicher Hybris erscheint, ist nur das logische Ergebnis einer langen Tradition von Versuchen, die Natur zu kontrollieren. So wie die Dinge heute stehen, scheint es sogar denkbar, dass wir auf diese Art von Einmischung zurückgreifen müssen. Der Luxus, „die Natur in Ruhe zu lassen", ist keine Option mehr. Aber Eingriffe in einem in der Menschheitsgeschichte bislang unvorstellbaren Ausmaß, sind ein Schritt, vor dem selbst die eifrigsten Befürworter neuer Technologien zurückschrecken. Zumal wir noch nicht viel über die möglichen Folgen einer solchen Operation wissen, die auch das Ende der Existenz unseres Planeten bedeuten könnte. Mehr denn je müssen wir uns fragen, wie eine mehr-als-menschliche Zukunft aussehen könnte. Ein erster Schritt in die richtige Richtung wäre eine Bestandsaufnahme: Akzeptieren wir die Tatsache, dass wir auf globaler Ebene und wahrscheinlich auch als Spezies versagt haben. In der Regel wird uns unsere Abhängigkeit von der Natur erst dann bewusst, wenn diese uns ihre Unterstützung entzieht. Von der globalen Erwärmung über das Versiegen von Energiequellen bis hin zu Pflanzen und Tieren, die an Orten auftauchen, wo wir sie nicht gebrauchen können – wir haben die Verbindung unserer Technologie mit der Natur so lange königlich ignoriert, dass uns die unkontrollierbaren Auswirkungen dieser Ignoranz völlig unvorbereitet treffen. Um die Zukunft zu sichern, müssen wir diese Mentalität und folglich auch das, was wir als Zivilisation annehmen, grundlegend verändern. Es gilt unsere – bislang anthropozentrischen – Technologien wieder in ihrem elementaren Kontext zu verankern, nämlich das von der natürlichen Umwelt bereitgestellte Trägersystem, von dem sie alle abhängen. Dieser zweite Schritt hin zu einem neuen Standort des Menschen in der Natur führt uns zu einem Ansatz zurück, der sich durch die menschliche Technikgeschichte zieht: die Biomimesis.

IV.2. Zurück zum Ursprung: menschliche Technologie als Mimesis der Natur

IV.2.1. Das technische Wissen der Natur

Es ist an der Zeit, unsere Vorstellung von Technik zu überdenken. Auch hier kann uns die Natur als Leitfaden und Vorbild dienen. Erinnern wir uns daran, dass keine unserer Technologien ohne die Natur existieren könnte, sei es als Quelle für Primärmaterial oder als Basis für jeden industriellen Prozess (einschließlich der Atmosphäre). Ganz zu schweigen von der Tatsache, dass wir von Pflanzen und ihrer Fähigkeit zur Photosynthese leben.

Auf der Suche nach einem Technikverständnis, das den Gegensatz „Natur versus Technik“ überwindet, müssen wir unsere Technologien in ihrer natürlichen Umwelt kontextualisieren. Das hilft, die Reduktion von Technik auf Werkzeuge und als rein menschliche Erfindung zu überwinden. Dafür greifen wir auf die von Gilbert Simondon vorgebrachte Definition zurück, insbesondere von Technik als „Vermittlung“ zwischen Mensch und Natur.[10] Er beschreibt die Entwicklungsgeschichte des „technischen Wesens“ als vor allem durch Herausforderungen aus der Umgebung motivierte nicht-lineare Evolution. Die Erde und die Atmosphäre gehören dazu, weil sie die Medien bilden, in denen sich der Mensch entwickelt. Simondon zufolge sind unsere Technologien keine Objekte, sondern „Hybride“ aus Artefakten und kulturellen Konventionen über ihre Funktionsweise und Nutzung. Obwohl er seinen Technikbegriff nicht explizit auf Pflanzen und Tiere ausgeweitet hat, kann seine Theorie zu einem solchen Ansatz

10 Vgl. Simondon 1969, S. 157: „das Technische (technicité) darf niemals als isolierte Realität betrachtet werden, sondern als Bestandteil eines Systems. Sie ist zugleich Teilrealität und transformative Realität, Ergebnis und Prinzip der Genese. Als Ergebnis einer Evolution ist sie Trägerin einer evolutionären Kraft, gerade weil sie als Lösung eines ersten Problems fähig ist, zwischen Mensch und Natur zu vermitteln.“

beitragen.[11] Was die Arten verbindet, ist ihre Fähigkeit sich anzupassen und ihre Umwelt durch ein geeignetes Ensemble von Techniken zu konstruieren. Wenn wir jede Lebensform als ein Ensemble von Techniken auffassen, könnte man diese Definition auch auf Pflanzen und Tiere ausweiten. Auch sie verfügen über teilweise sehr ausgefeilte Techniken, um das Überleben in ihrer Umwelt zu sichern. Letztere selbst wird bereits mittels der Kultur und Technik des jeweiligen Organismus geformt. Für jedes Subjekt – ob Mensch, Tier oder Pflanze – sind diese Techniken ihrem jeweiligen Körper und ihrer jeweiligen Umgebung entsprechend unterschiedlich.

Die technische Kreativität der Natur ist Ausdruck der Plastizität, die wir mit den anderen Spezies teilen. Und es ist an der Zeit, dass wir von unserem Sockel herabsteigen und von anderen Gattungen lernen, wie man eine technische Kultur erschafft, die die Grundlage für das Überleben auf dem Planeten nicht zerstört. Obwohl der Mensch die technische Kreativität der Natur lange Zeit geleugnet hat, ist seine Evolutionsgeschichte untrennbar mit einer langen Geschichte nicht nur der Aneignung ihrer Materialien, sondern auch der Nachahmung ihrer Techniken verbunden. Selbst die Entwicklung unserer fortschrittlichsten Technologien erfolgte häufig auf der Grundlage einer Koevolution oder sogar einer Ko-Konstruktion der menschlichen Welt mit den unterschiedlichsten nichtmenschlichen Wesen. Diese Koevolution zu leugnen und die Technologie als eine unserer Spezies eigene Erfindung zu betrachten, bildet das Fundament westlicher Anthropologie. Im Lichte aktueller Entdeckungen wäre indes mehr Bescheidenheit angesagt.

Im Jahr 1882 läutete Thomas Edison das elektrische Zeitalter ein. Seine Firma baute in New York ein Netz aus Kupferdrähten und beleuchtete damit einige Dutzend Gebäude in der umliegenden Nachbarschaft. Dieses Ereignis wurde als große Errungenschaft des menschlichen Erfindergeistes gefeiert. Allerdings hatte die Natur das Stromnetz schon lange vor ihm erfunden. Edison wusste nichts von den Tausenden von Stromleitungen, die bereits im Boden seiner Heimat, auf den Wiesen oder in den schlammigen

11 Vgl. ebd., S. 57: „Dieses sowohl technische als auch natürliche Milieu kann als assoziiertes Milieu bezeichnet werden. […] Das assoziierte Milieu vermittelt die Beziehung zwischen den hergestellten technischen Elementen und den natürlichen Elementen, in denen das technische Wesen funktioniert."

Flussböden verlegt waren. Von Mikroben gebaut, nutzen „geobacter" und „cable bacteria" sie als elektrischen Pendelverkehr.[12] Diese elektroaktiven Bakterien im Boden – selbst in dem der Ozeane – sind von erstaunlicher Dichte. Ein Quadratzoll Kabelbakteriensediment kann bis zu acht Kilometern Kabel enthalten. Jede Reihe verläuft senkrecht durch den Schlamm und ist bis zu zwei Zoll lang. Und jede von ihnen besteht aus tausend Zellen, die wie ein Turm aus Münzen übereinander gestapelt sind. Diese Zellen bauen eine Proteinmanschette um sich herum, die die Elektrizität leitet. Es gibt viele verschiedene Arten von elektroaktiven Mikroben. Ihre Fülle hat Mikrobiologen zu der Annahme veranlasst, dass sie tiefgreifende Auswirkungen auf den Planeten haben. Bioelektrische Ströme könnten zum Beispiel Mineralien von einer Form in eine andere umwandeln und so das Wachstum einer Vielfalt anderer Arten fördern. Andere Hypothesen gehen davon aus, dass elektroaktive Mikroben sowohl die Chemie der Ozeane als auch die der Atmosphäre regulieren. Das würde bedeuten, dass wir auf einem elektrischen Planeten leben. Wie dem auch sei, wie andere Technologien der Natur sind diese elektrischen Drähte biologisch abbaubar, während die von Menschen gemachten viel Energie und schädliche Chemikalien benötigen, um sie zu beseitigen.

IV.2.2. Vom technischen Know-How anderer Spezies lernen

Da die menschliche Gattung in der Naturgeschichte eher zu den Youngstern gehört, hat sie nur wenige Jahrhunderte Erfahrung mit Überlebenstechniken. Möglicherweise bestünde die größte technische Errungenschaft des Menschen darin, von dem zu lernen, was andere Spezies seit Jahrtausenden entwickelt und erprobt haben. Die ausgeklügelte Architektur eines Bambus oder eines Seerosenblattes nimmt unsere Latten und Balken vorweg. Unser Radar ist eher dürftig im Vergleich zu den Multifrequenzübertragungen einer Fledermaus. Die Seide mancher Spinnen ist stärker als Stahl. Selbst die Erfindung des Rads hat ihren Vorläufer in einem winzigen Drehmotor, der das Flimmerhaar des ältesten Bakteriums der Welt antreibt.[13] Viele unserer technischen Erfindungen sind bereits in der

12 Siehe den Bericht über diese Forschung in: Zimmer 2019.
13 Siehe Beyes 2002, S. 6.

Natur zu finden, ohne dass sie negative Auswirkungen auf das Ökosystem haben. Um eine naturverträgliche technische Kultur zu schaffen, müssen wir unsere Technologien aus dem dominanten instrumentalistischen Dispositiv herauslösen. Das gelingt uns am besten, indem wir uns von den technischen Verfahren anderer Spezies inspirieren lassen. Was wir vor allem von ihnen lernen können, ist es, Grenzen als Quelle der Kreativität zu begreifen, anstatt sie als zu überwindende Hindernisse anzusehen. Das Konzept des Recyclings kennzeichnet beispielsweise die Ökonomie der Wälder, es gehört zu den zyklischen Rhythmen des Keimens und Zersetzens organischer Materie. Diese Regeln wurden lange Zeit von den indigenen Gesellschaften angewandt. Sie waren Teil eines ganzen Arsenals von Fertigkeiten im Umgang mit Pflanzen und anderen nichtmenschlichen Wesen, das die heutige Biomimesis wiederentdeckt. Dies wäre das Gegenmodell zum „Homo industrialis“, der unsere heutigen Technologien noch immer beherrscht.

IV.2.2.1. Biomimesis: Inspirationen aus der technischen Welt nichtmenschlicher Wesen

Die Natur ist ein Ingenieur, dessen Erfahrung Jahrtausende umfasst. Was als „Bio-Inspiration“ bezeichnet wird, ist nichts anderes als die uralte Praxis der Menschen, die Techniken von Tieren und Pflanzen und ihr Überlebenswissen zu „kopieren“. Um heilende Pflanzen zu erkennen, haben sich die Menschen seit Urzeiten an den Tieren orientiert, die ja daran gewöhnt sind, in einer Umgebung voller chemischer Substanzen zu leben. Tiere haben gelernt, durch ein Labyrinth von Giften zu navigieren, und dabei das für sie Schädliche zu meiden und sich selbst zu heilen.

Auch heute noch imitieren indigene Völker das Wissen der Nichtmenschen und entwickeln es weiter. Darüber finden sie nicht nur effiziente und wiederverwertbare technische Lösungen, sondern auch profunde medizinische Kenntnisse, vor allem aus den Pflanzen. Westliche Chemiker und Biologen versuchen aktuell, dieses im Verschwinden begriffene Wissen zu rekonstruieren. Die aktuelle „Phyto-Chemie“ will auf diese Weise natürliche Substanzen auffinden, die als Medikamente dienen können. Ihr Labor ist nicht selten der Wald, denn es geht darum, die Interaktionen und Mechanismen zu identifizieren, die für diese Medikamente nutzbar sind.

Die Blätter der Palme zum Beispiel enthalten Stoffe, die eines Tages zu einem schonenden Heilmittel gegen Krebs werden könnten.

IV.2.2.2. Ein moderner Vorläufer: die Biomimesis des Industriezeitalters

Im Laufe der Geschichte finden wir immer wieder Ansätze, die sich an den Techniken der Natur inspirierten. Das Nachahmen von Überlebenstechniken anderer Arten ist eine uralte menschliche Praxis. Selbst das Industriezeitalter, das dieses alte Wissen vermeintlich vergessen hat, macht hier keine Ausnahme. Die Biomimikry des Industriezeitalters ist in der heutigen Situation deshalb besonders interessant, weil sie auf eine moderne technisierte Gesellschaft angewandt wurde. Bekanntlich nahm zu Beginn des 19. Jahrhunderts George Cayley den Flugsamen einheimischer Pflanzen als Vorlage für den ersten Fallschirm.

Mit der Moderne entstand ein ganzer Wissenschaftszweig, der sich an den Techniken der Natur orientierte: die Biotechnik. In den Entdeckungen der damaligen Biologie fand man das Modell für eine neue Kultur, die moderne Technik mit einer „Rückkehr" zur Natur versöhnen sollte. Dass diese Techniken sich nicht auf eine passive Anpassung beschränken, sondern eine erstaunliche Komplexität und Kreativität besitzen, war eine der großen Entdeckungen des modernen Jahrhunderts. Sie entstand in der Verbindung von Biowissenschaften und Mikrotechnologie. Der Biologe und Mikrofotograf Raoul Heinrich Francé untersuchte, was er die „technischen Erfindungen der Pflanzen" nannte.

Ebenso wie den Naturformen ein energetisches Prinzip kreativer Gestaltung innewohnt, fänden sich auch in der Technik Elemente des Pflanzlichen. (Abb. 10) Seiner Auffassung nach funktionieren technische Werke und die organische Welt nach denselben Prinzipien. Ihre Organisations- und Kristallisationsprozesse folgen einem rhythmischen Verlauf, genauso wie die technischen Erfindungen, die Natur und das gesamte Universum. Wenn die Bewegungsrhythmen der Lebewesen über fotografische Verkleinerung oder filmische Verlangsamung bzw. Beschleunigung erkennbar werden, lässt ihr Vergleich den gemeinsamen Bauplan identifizieren. Von der kleinsten Zelle bis zur komplexesten menschlichen Organisation beruhe alles Lebendige auf den gleichen Mustern. Jede Lebensordnung entstehe über die Einheit komplementärer Gegensätze. Diese mache die innere Struktur der Lebenswelt auf allen Ebenen von klein bis groß aus.

Francé verstand seine Theorie als eine Lebenslehre, die angesichts einer zersplitterten Moderne die Harmonie von Mensch, Technik und Natur wieder herstellen kann.[14] In seinem Buch *Die Pflanze als Erfinder* aus dem Jahr 1920, erhob er Pflanzen zu Lehrern, die dem modernen Menschen eine neue (oder vielmehr sehr alte) Art der Lösung technologischer Probleme beibringen können. Die ausgefeilte Technik einer der ältesten Pflanzen der Welt begeisterte ihn: der Kieselgur oder die Feuersteinalge, die Materialien ihrer Umgebung umwandelt, um daraus eine Architektur zu bauen. Diese Pflanze, von der sich alle im Meer lebenden Tiere ernähren, erfand ein Haus aus Kristallglas.

> Die Erfindung des Kieselgurs besteht in Folgendem: Wie kann man ein absolut stabiles Haus bauen. [...] Die Tatsache, dass eine feuchtigkeitsabhängige Pflanze sich in einem Kasten einschließt, um sich vor dem Austrocknen zu schützen, ist bewundernswert. Mehr noch, das Material dieser Behausung besteht aus kristallisiertem Kiesel (daher hat sie ihren Namen), einem der härtesten Materialien, die bekannt sind. Die Alge sondert zunächst aus ihrem Körper eine dünne Hülle der endgültigen Form ab und lagert die Bodenlösung, die reichlich Kieselsäure enthält, in kristalliner Form von Silizium ab, sie „versteinert" sozusagen ihre Hülle. Kristallglas ist nicht nur nahezu unzerbrechlich, sondern auch unzerstörbar. [...] Die Industrie verwendet sie sogar als „Kieselgur". [...] Aber das Wunderbarste ist die Form dieser Kristallgebäude. Sie müssen eine hohe Stabilität besitzen und gleichzeitig absolut leicht sein, damit die kleine Pflanze mit ihrem Haus umherziehen kann.[15]

14 Vgl. Francé 1929, S. 17: „Man ist also berechtigt, nach technischen Leistungen im Bereich der Natur zu suchen und es war eine lockende Aufgabe, in günstigen Fällen danach zu forschen, wie weit die Zweckmäßigkeit und das Sinnvolle bei solchen ‚biotechnischen', das heißt aus der Technik des Lebens hervorgegangenen Erfindungen reicht."

15 Ebd., S. 22.

A 1936 photograph showing the extraordinary engineering of *Victoria amazonica*'s leaf, which had inspired the metal framework of the Crystal Palace.

Abb. 10: Foto aus dem Jahr 1936 eines Blatts der Victoria Amazonica, das Inspiration für das Metallgerüst des Crystal Palace war. In: Mabey 2015, S. 273

Diese Pflanze verwandelt also die Materialien ihrer Umgebung in eine Architektur, die Raoul Francé mit dem Bau der gotischen Kathedrale vergleicht. Die Alge habe die Füllungen ihrer Glaswand entfernt und nur die Säulen zurückbehalten, die durch ganz feine Fenster miteinander verbunden sind. Damit habe sie auf kreative Weise realisiert, was ihre Existenz und ihre Umwelt von ihr verlangen. Francé stellte fest: „Die menschliche Erfindung und die ‚pflanzliche' Erfindung haben in diesem Fall das gleiche

Mittel geschaffen."[16] Anstatt einen Bruch zwischen Natur und Technik anzunehmen, gestand die „Biotechnik" – ein Vorläufer der heutigen Biotechnologie – jedem Wesen ein spezifisches technisches Wissen zu. In den 1920er Jahren des letzten Jahrhunderts war Francé nicht der Einzige, der den Pflanzen technische Fähigkeiten zuschrieb. Angesichts der Bilder, die die Mikrotechnologie lieferte, hielt auch sein Kollege Jakob von Uexküll andere Lebewesen, wie auch die Materie, für lebendig und produktiv. Er teilte die Idee von „Techniken der Natur"[17] und konzedierte Tieren und Pflanzen eine entwickelte Sinneswahrnehmung.[18]

Obwohl weitgehend in einem vitalistischen und manchmal anthropomorphen Denken verankert, kann die Biotechnik in der aktuellen Situation als Orientierungshilfe dienen. Denn heute wird ein Großteil der Beobachtungen technischer Kreativität in der Natur mittels digitaler Bilder verifiziert und oftmals erweitert. Vor kurzem entdeckten Paläontologen, dass ein Meereswurm von vor 500 Millionen Jahren, der „Oesia", ein Architekt war, der zu seinem Schutz eine Röhre baute. Der Wurm lebte in dieser Röhre, die doppelt so groß war wie er selbst. Er erinnert an den pflanzlichen Baumeister vom Anfang des vorigen Jahrhunderts: den Kieselgur.

Als Raoul Francé den Erfindungsreichtum von Pflanzen beschrieb, die zugleich elastische und stabile Strukturen bauen, ahnte er nicht, dass er damit sogar die Architektur von Industriegebäuden beeinflussen würde.

Eine kreative technische Form habe sich am Formenkanon der Natur zu orientieren, wenn sie nicht nur zweckdienlich sein will, forderte der Architekt Rudolf Schwarz in seinem Buch *Wegweisung der Technik* von 1928.[19] Um der modernen Erfahrung der Entfremdung und des Formverlusts durch die industrielle Produktion entgegenzuwirken, setzte er auf die Idee der *Verleiblichung der Technik* und verglich die modernen technischen

16 Ebd., S. 23.

17 Von Uexküll 1930, S. 20.

18 Vgl. ebd., S. 128: „Plötzlich sehen wir uns von einer überwältigenden Fülle neuer Welten umringt, die nicht das tote Produkt einer leblosen Materie sind, sondern das organische Erzeugnis lebender Sinnesqualitäten".

19 Rudolf Schwarz (1897-1961) war Architekt und Spezialist für Bautechnik. 1927 wurde er Direktor der Gewerbeschule in Aachen, wo er die erste Ausgabe seines Buches *Wegweisung der Technik* veröffentlichte, das Fotografien von Pflanzen und Industriegebäuden von Albrecht Renger-Patzsch enthielt.

Erfindungen mit den Formen der Natur. Er fand „die Grundformen“ der Technik in der Pflanzenwelt.

> Der Getreidehalm besitzt in hohem Grade Stabilität und Elastizität. Welchen Bauprinzipien verdankt er das? [...] Identische Bauprinzipien, wie unsere Eisenhochbauten, die Kräne, die Funktürme.[20]

Schwarz rekonstruierte die visuellen Spuren dieser Ähnlichkeiten durch den Vergleich von Bildern technischer Konstruktionen mit Bildern von Pflanzen. Ohne ihn zu nennen, fand er seine Inspiration bei Raoul Francé. Denn Schwarz erkannte dynamische Strukturen und formale Funktionen sowohl in einem biegsamen Grashalm, der dem stärksten Wind trotzt, als auch in einem Baukran. Seine Fotografie „Blick in das Gitterwerk einer Laufkranbrücke des Berliner Osthafens“ kommentierte er folgendermaßen: „Stabilität des Gebäudes durch labilen Ausgleich von Spannungen.“[21] Diese Beschreibung entspricht einem nach wie vor gültigen Merkmal des Naturdesigns: Stabilität entsteht durch die anpassungsfähige Flexibilität seiner Elemente. „Elastizität“ bezeichnet das labile Gleichgewicht, das sich im Ausgleich widerstrebender Spannungen herstellt. Im modernen Kulturideal der „Labilität“ und „Elastizität“ wurde es zum Attribut des „Neuen Menschen“.

Seit die Moderne die technischen Fähigkeiten anderer Spezies wiederentdeckte, wurde dieses Paradigma erweitert und vertieft. Biomimetische Anwendungen bestehen fort: Ingenieure bauten Faseroptiken, die von Meeresschwämmen, oder Roboter, die von Regenwürmern inspiriert waren. Schleimmuscheln sind so gut darin, die effizienteste Route zwischen ihren Ressourcen zu bestimmen, dass Forscher vorschlugen, sie für den Entwurf von Autobahnen zu verwenden. Computerspezialisten generierten Methoden, die sich an der Zellverteilung von Fliegen orientierten.

IV.2.3. Biomimesis zwischen Anthropozentrismus und Respekt vor der Natur

Die *Biomimesis* der Moderne ebnete den Weg für eine neue Ära des menschlichen Mimetismus, die sich bis ins digitale Zeitalter fortsetzt.

20 Schwarz 1928, S. 19.
21 Ebd., S. 64.

Die Inspiration zwischen Technik und Natur erfindet immer wieder neue, erstaunliche Anwendungen. Heute werden nicht nur die Formen der Natur nachgeahmt, sondern lebende Materie findet auch Eingang in technische Erfindungen. Elektronische Bakterien treiben Leuchten an und die in Seidenraupen gefundenen Proteine werden zu chirurgischen Schrauben und optischen Linsen umgestaltet.[22] Die biologische Evolution wurde zum Vorbild für die Entwicklung des evolutionären Rechnens, vor allem genetischer Algorithmen. Sie werden zur Lösung von Optimierungsproblemen, zum Lernen von Maschinen und zum parametrischen Design eingesetzt. Das Ergebnis war u.a. ein Phyto-Computer, dessen Algorithmen auf den Rechensystemen der Pflanzen basieren. Letztere motivierten noch eine weitere Idee: Der Selbstreinigungseffekt der Lotusblume zum Beispiel fand seine Nachahmung in der Oberflächenstruktur von Wandfarben oder Dachziegeln. Die Blätter der Pflanze sind mit einem mikroskopischen Wachsteppich überzogen, der bewirkt, dass das Wasser von dieser Oberfläche abrutscht und den Schmutz mitnimmt. (Abb. 11) Die Strukturen des Pflanzengewebes liefern Vorbilder für neue Generationen von umweltfreundlichen technischen Materialien, die ohne die Hilfe von digitalen *Softwareprogrammen* nicht in großem Umfang realisierbar wären.[23] Ein ganzes Universum an Erfindungen für zukünftige umweltfreundliche Technologien kündigt sich an. Die bekannte Analogie zwischen Pflanzenwurzeln und Computern führte zur Erfindung eines „Plantoiden".[24] Dieser Roboter ahmt die Fähigkeiten und Interaktionen von Pflanzenwurzeln nach. Eine Pflanze verankert sich im Boden und nimmt dabei viele

---

22 Diese Beispiele werden in der Design Triennial „Nature" im Museum der Cooper Hewitt Foundation ausgestellt (Smithsonian Design Museum in New York im Jahr 2019). Vgl. Russel 2019.

23 Es werden Materialien entwickelt, die mit der Physiologie kompatibel sind und sogar auf äußere Veränderungen reagieren können. Die Mischung aus Technologie und Natur kann wandelbare Gebäude schaffen. Es wird Polymere aus lebendem Silizium geben, Softwareprogramme, die sich offline selbst entwickeln, anpassungsfähige Autos oder Wohnungen mit koevolutionären Möbeln. Siehe: Kelly 1994, zit. nach: Cruz/Pike 2008, S. 9.

24 Dieser Pflanzenroboter entstand im Rahmen des EU-Programms „Future and emerging Technologies". Er wurde von einer Wissenschaftlerin am Italienischen Institut für Technologie in Genua erfunden.

chemische und physikalische *Reize* auf. Wie sie das tut, ist noch nicht genau bekannt. Pflanzen spüren den Boden auf und ändern – wenn nötig – die Richtung ihres Wachstums manchmal, indem sie auf der entgegengesetzten Seite Zellen bilden. Der Phytoroboter imitiert diese Verfahren: die „Roboterwurzel" erkundet den Boden mithilfe von Kunststoffen, die sich dehnen und anschließend verhärten können. Seine künstlichen Wurzeln sind mit Sonden ausgestattet, die die chemische Zusammensetzung des Bodens sowie den Säuregrad, die Feuchtigkeit, die Temperatur und die Schwerkraft messen. So kann der Plantoid langsam in den Boden eindringen und die Bedingungen erspüren, um seinen Kurs entsprechend zu ändern. Er könnte für die Umweltkontrolle verwendet werden, z.B. um im Falle einer Katastrophe verseuchtes Land zu untersuchen. Man könnte ihn sogar zur Erkundung anderer Planeten einsetzen.

Abb. 11: Wasserabweisendes Blatt. In: Ball 2016, S. 187

Obwohl sich viele dieser Schöpfungen noch im Experimentierstadium befinden – und ohne die Simulation mithilfe eines 3D-Druckers gar nicht existieren würden –, ebnet dies den Weg in eine umweltfreundliche Zukunft. Designer und Ingenieure wenden Techniken und Materialien aus der Natur an, um neue Produkte zu schaffen, ohne auf fossile Brennstoffe zurückgreifen zu müssen. Algen und Bakterien können aus Erdöl hergestellte Kunststoffe ersetzen. Wir sind nicht mehr auf industrielle Verfahren und umweltschädliche Materialien angewiesen. Biotechnologien können sich an Korallenformen in der Natur orientieren, um Ziegelsteine aus Biozement herzustellen, die keine hohen Brenntemperaturen mehr benötigen. Andere Projekte schlagen vor, zerstörerische Industriematerialien wie Kunststoff auf Erdölbasis durch Kunststoff auf Algenbasis zu ersetzen. Im Jahr 2017 entwickelte Michelin einen Reifen aus biologischen und biologisch abbaubaren Materialien, die aus komplexen Netzstrukturen bestehen, die von Korallen inspiriert sind. Er könnte die sich über die ganze Welt ansammelnden Massen an weggeworfenen Reifen, Gummi und Stahldraht ersetzen.

Mithilfe der *Biomimesis* eröffnen sich also völlig neue und nahezu unbegrenzte Wege zu einer umweltfreundlichen Technologie. Dennoch folgt man häufig der alten Logik der Ausbeutung und Instrumentalisierung der Techniken anderer Arten. Die derzeitigen biomimetischen Technologien beruhen noch weitgehend auf einer anthropozentrischen Perspektive, die den kurzfristigen Interessen einer einzigen Spezies zugute kommt, ohne Rücksicht auf die Anderen. Biolumineszierende Bäume und „Superpflanzen“ sind ein Beispiel dafür. Modelliert nach biolumineszierenden Algen, versucht man Bäume genetisch so zu modifizieren, dass sie auch biolumineszierende Eigenschaften haben. Sie sollen die Straßen der Städte auf preiswertere Weise erleuchten.[25] Ein weiteres Beispiel ist die von schwedischen Forschern entwickelte „Cyber-Rose“. Diese Pflanze ist in der Lage, elektrische Energie aufzunehmen und zu speichern. Indem sie wie eine Batterie funktioniert, ist diese Rose ein Hybrid aus Kunststoff und Pflanzenmaterial. Ausgehend von Nanobildverfahren fanden die Wissenschaftler heraus, dass ein Schutzmechanismus der Pflanze hilft, Polymer zu produzieren. Er dient dazu, sie vor Mikroorganismen zu schützen, die bei Verletzungen in die Pflanze eindringen könnten. 24 Stunden lang wurde

25 Beispiel aus Myers 2012.

die „Cyber-Rose“ in eine wässrige Lösung von ETE-S (einem Kunststoff) gelegt. Sobald dieses Material mit Wasser aufgenommen wird, wandelt es sich in den Stängeln, den Blättern und den Blüten in ein Hydrogel um, indem sich ETE-S-Moleküle miteinander verbinden, die sich in Polymere umwandeln. Dieses Hydrogel kann Elektrizität tausendmal effizienter leiten als alle bekannten Substanzen, was die Rose zu einem Superkondensator für die Speicherung elektrischer Energie macht. Die Pflanze funktioniert wie ein Kabelbaum, nur tausendmal effizienter. Dennoch gibt es ein großes Problem: Der Stoffwechsel der Pflanzenzellen beinhaltet elektrische Prozesse, die durch den implantierten elektronischen Schaltkreis gestört oder sogar zerstört werden könnten.

Indem sie sich die Techniken anderer Arten aneigneten, um daraus Profit zu schlagen, begannen die großen Unternehmen auf dem Gebiet der Biotechnologie mit der Privatisierung der genetischen Ressourcen von Meereslebewesen, die in der Tiefsee leben, einem riesigen Gebiet außerhalb der Kontrolle eines Nationalstaats. Niemand ist Eigentümer dieses Meeresraums. Doch der deutsche Chemiekonzern BASF zum Beispiel besitzt derzeit die Hälfte von 13.000 Patenten, die sich aus 862 Gensequenzen von Meeresorganismen ableiten.[26] Die Vorstellung, dass eine Spezies die Überlebenstechniken anderer Gattungen patentieren könnte, um daraus Profit zu schlagen, erscheint zunächst absurd. In den meisten Ländern ist dies nicht einmal möglich. Was diese Unternehmen jedoch tun können, ist, die Gene einer anderen Spezies für neue Anwendungen zu patentieren. So kann ein einziges Privatunternehmen bestimmen, wie die Gene anderer Arten genutzt werden. Dies alarmierte die Vereinten Nationen. 2018 organisierten sie eine Konferenz über eine globale Gesetzgebung zu genetischen Ressourcen der Hochseegebiete.

Unternehmen in zehn hoch entwickelten Ländern (u.a. Deutschland, Japan, Frankreich, Kanada etc.) besitzen heute achtundneunzig Prozent aller Patente, die DNA von Meeresorganismen beinhalten. Neben der Aneignung der Natur durch den Menschen bedeutet dies – so die Vereinten Nationen – eine neue Form der globalen Ungleichheit in Bezug auf

---

26 Vgl. Murphy 2018.

den Zugang zu diesen natürlichen Ressourcen und lässt eine von großen Biotechnologieunternehmen dominierte Zukunft befürchten.

Was die Unternehmen vor allem suchen, sind Organismen mit außergewöhnlichen Fähigkeiten und Techniken, die als „extremophil" bezeichnet werden. Das Bakterium *Shewanella oneidensis* beispielsweise kann sowohl mit als auch ohne Sauerstoff leben und *Alvinella pompejana*, eine Art Meereswurm, kann bei Temperaturen gedeihen, die für die meisten lebenden Organismen tödlich sind. Jene Arten also, die unter für andere unerträglichen Bedingungen – wie in tiefer Dunkelheit, extremer Kälte oder Säure – überleben, sind die bevorzugte Beute von Genforschern. Diese suchen nach außergewöhnlichen Eigenschaften für so unterschiedliche Anwendungen wie neue Krebstherapien oder ein neues Botox. Es stimmt, dass Pflanzen und Tiere dazu beitragen können, das Leben von Menschen zu retten: So hat eine Meeresschnecke zu einer Lymphombehandlung beigetragen. Die Gene einer Ascidie bilden die Basis eines Chemotherapie-Medikaments und die DNA einer Meeresschnecke wurde zur Entwicklung eines Schmerzmittels verwendet. Es geht also nicht darum, auf die neuartigen und unbegrenzten Möglichkeiten, die uns die Natur bietet, zu verzichten, sondern darum, aus einer anthropozentrischen Biomimesis und ihrer Logik der Ausbeutung der Natur auszusteigen, denn sie zerstört die Umwelt der Organismen, die unser Überleben ermöglichen.

IV.3. Wirtschaftliche und soziale Biomimesis

Wollen wir das Potential unserer Technologien zur Rettung der Arten und der Erde nutzen, braucht es nicht nur wirtschaftliche und technologische, sondern vor allem auch soziale Lösungen. Da wir die Vorstellung von Gemeinschaft und Sozialität dem Menschen vorbehalten haben, sind wir nicht gewohnt, von anderen Spezies in einem Bereich zu lernen, in dem wir uns für Experten halten.

IV.3.1. Ein altes Wissen über artenübergreifende Kooperation und Gemeinschaftsmodelle in der Natur

Das komplexe System, das wir Leben nennen, besteht nicht nur aus Konkurrenz und Konflikten. Anstelle des von Charles Darwin verkündeten Prinzips des erbitterten Wettbewerbs und des *„survival of the fittest"* betonen die neuen Evolutionsnarrative die Koexistenz von Kooperation und Wettbewerb.[27] Alle Ökosysteme basieren auf verschiedenen Formen der Zusammenarbeit. Das ist keineswegs eine exklusive Eigenschaft des Menschen, sondern findet sich bei allen Lebensformen. Zusammenzuarbeiten ist meist der effektivere Weg, um Zugang zu Ressourcen zu erhalten, Gefahren zu überleben und die Fortpflanzung zu sichern. Durch Kooperation entstehen neue Niveaus der Organisation. Sobald Einheiten auf elementarer Ebene zusammenarbeiten, ermöglicht dies eine Spezialisierung und fördert biologische Vielfalt.[28] Kohärentes gemeinsames Handeln gehört also zum Prozess der natürlichen Auslese dazu. Das Milieu jedes Wesens impliziert stets eine biotische Kette von Kohabitationen, Allianzen, organischen Interaktionen und sogar Symbiosen. Jedes Subjekt ist es nur durch seine Zugehörigkeit zu einem beweglichen Netz von Beziehungen, das seine Existenz trägt. In diesem Netz kommt es zu Überschneidungen der Bereiche verschiedener Lebewesen (wie z.B. von Menschen und Pflanzen). Gesellschaft und Gemeinschaft sind also nicht nur für den Menschen charakteristisch. Neben Gemeinschaften von Pflanzen oder Tieren derselben Art gibt es auch artenübergreifende Gemeinschaften: Die natürliche Welt bietet uns viele Beispiele dafür. Machen wir einen kleinen Umweg, um Inspirationen zu finden für eine zukünftige Interspezies-Gemeinschaft. Die Natur weiß viel darüber, wie man unter verschiedenen Gattungen zusammenarbeitet und wie man die biologische Vielfalt zu seinem Vorteil nutzen kann. Viele indigene Kulturen haben davon profitiert.

Sicher, die Natur ist kein idyllischer Ort des Friedens und der Harmonie. Tiere und sogar einige Pflanzen töten regelmäßig andere Wesen, und das gehört zum Zyklus des Lebens. Zwar sind Verbundenheit, Freundschaft und Respekt menschliche Konzepte, doch die ethischen Verhaltensformen, die wir damit verbinden, finden sich überall in der Natur. Gemeinschaft, Gegenseitigkeit und Mitgefühl werden von Tieren und sogar von Pflanzen praktiziert. Mehr noch: Nichtmenschliche Wesen zeigen oft altruistisches

27 Vgl. Barker 2015, S. 27: „There is little evidence supporting the idea that competition has been the driving force in the evolution of species." („Es gibt nur wenige Belege für die Annahme, dass Wettbewerb die treibende Kraft hinter der Evolution der Arten war.")

28 Vgl. ebd., S. 26.

Verhalten. Selbstlose Kooperationen zwischen den Arten stellen so die Vorstellung in Frage, dass ethisches Verhalten nur dem Menschen vorbehalten ist. Die gegenseitige Hilfe zwischen den Spezies geht manchmal so weit, dass eine Tiergemeinschaft ein Tier einer anderen Art – z.B. ein Waisenkind – adoptiert. Obwohl es Konkurrenz und Kämpfe zwischen verschiedenen Arten gibt, herrschen dennoch Kooperation und Teilen vor.

Gemeinschaften in der Natur lehren uns zugleich den Wert der Vielfalt: Um die Ressourcen des Lebensraums vollständig zu nutzen, ist Diversifizierung und Kooperation eine gängige Praxis, da sie eine dynamische Stabilität schafft. So kann das Ökosystem auch beim Verlust eines Organismus oder anderen Herausforderungen an dieses Netzwerk, aufrechterhalten werden.

> Selbst wenn Individuen innerhalb einer Art eine Nische teilen, gibt es „Absprachen" über die Zuweisung von Ressourcen. Tiere beanspruchen z.B. Reviere oder fressen zu unterschiedlichen Tageszeiten, um ihren Artgenossen nicht über den Weg zu laufen. Dementsprechend wird die Nutzung ihres Lebensraums so aufgeteilt, dass ganze Gruppen, Herden, unterschiedliche Tiere auf demselben Stück Land, ohne ständige zermürbende Kämpfe leben können.[29]

Korallenriffe sind ein Musterbeispiel für eine Unterwassergemeinschaft, die Tausende von Arten beherbergt: Krustentiere, Fische und sogar mikroskopisch kleine Algen, die ihren Wirt mit Sauerstoff versorgen. Sie gehören zu den ältesten Ökosystemen und sind für die Stabilität unseres Planeten von entscheidender Bedeutung. Sie bestehen nicht nur aus Gestein und Pflanzen, sondern beinhalten ein komplexes System aus Millionen von Tieren, die Polypen genannt werden. Obwohl Korallenriffe weniger als ein Prozent der Unterwasserlebensräume ausmachen, beherbergen sie immerhin fünfundzwanzig Prozent der Meeresfauna. Ihr Gemeinschaftsdienst schließt sogar die Menschen ein: Sie schützen die Küsten vor Erosion und verlangsamen die globale Erwärmung, indem sie Kohlendioxid absorbieren.

---

29 „Even when individuals within a species share a niche, there are 'agreements' about resource allotment. Animals will claim territories, for instance, or feed at different times of day to avoid overlapping with their counterparts. As a result, the spoils of their habitat are divided up so that whole gaggles, herds, troops and coveys can be supported by the same piece of land without constant energy-draining fights." Ebd., S. 258.

Symbiotische Gemeinschaften sind ebenfalls ein häufiges und komplexes Phänomen, das schon sehr alt ist. Pflanzenkameraderie zum Beispiel ermöglicht den beteiligten Parteien den Zugang zu Ressourcen und vermeidet energieverschwendende Konflikte.

Wie wir gesehen haben, unterhalten Pflanzen unter der Erde ein komplexes Austauschsystem und kooperieren mit anderen Pflanzen, Insekten und weiteren Tieren. Wälder sind ein weiteres Modell für eine artenübergreifende Gemeinschaft, an der eine große Anzahl verschiedener Gattungen beteiligt ist. Durch die Bildung artenübergreifender Allianzen bleiben sie im Gleichgewicht mit der Biosphäre. Derartige Bündnisse findet man zwischen unterschiedlichen Pflanzen, zwischen Pflanzen und Bakterien, zwischen Bakterien, zwischen Pflanzen verschiedener Arten, zwischen Pflanzen und Tieren und manchmal auch unter Einbeziehung des Menschen. Ressourcen zu teilen oder sich gegenseitig gegen Feinde zu helfen, ist Teil der Gemeinschaftlichkeit von Pflanzen und Tieren. All dies erklärt, warum bestimmte Arten von Pflanzen und Tieren in einem Gebiet koexistieren können, ohne sich um die verfügbaren Ressourcen zu bekämpfen.

Jede Art hat sich so entwickelt, dass sie sich mit anderen desselben Lebensraums auf eine sehr spezifische Weise verbindet, die Biologen noch immer zu verstehen suchen. Die bekannte Kooperation zwischen Grundelfischen und Nassau-Zackenfischen ist ein weiteres Beispiel für Verträge zwischen den Arten: Der Grundelfisch pickt Parasiten aus den Zähnen und Kiemen des Zackenfisches. Im Gegenzug für den Reinigungsdienst verzichtet dieser darauf, ihn zu fressen und schützt ihn vor anderen Räubern. Putzergarnelen haben dieses Austauschmodell erweitert.[30] Sie haben Reinigungsstationen in Felsrillen errichtet, vor allem in tropischen Korallenriffen. Dort entfernen sie Parasiten und tote Haut von Fischen oder Schildkröten, die sich für diesen Service dorthin begeben. Die Garnelen erhalten ihr Futter, die anderen eine Toilette und alles liefe perfekt, wären da nicht ein paar unangenehme Kunden. Wie zum Beispiel der Ziegenfisch, der dafür bekannt ist, Garnelen als Futter zu bevorzugen. Angesichts der Gefahr, gefressen zu werden, hat die putzende Garnele zwei Strategien. Wenn sie die Reinigung nicht ganz verweigert – was sie in den meisten Fällen tut –, beginnt sie die Prozedur mit einem Tanz, indem

30 Vgl. Giaimo 2019.

sie ihre Beine anwinkelt und vor und zurück bewegt. Ihre glitzernde Farbe, die sich vom Rest ihres Körpers abhebt, erzeugt so ein Muster, das dem Gegenüber signalisiert, dass diese Garnele keine Beute ist.

In der Natur sind derart komplizierte Kooperationen eher selten, man bevorzugt eine ausgewogene Gegenseitigkeit. Seit Tausenden von Jahren praktizieren Passionsblumen eine solche Art der Zusammenarbeit vor allem mit Schmetterlingen. Als Gegenleistung für die Verbreitung ihrer Pollen haben die Passionsblumen ein Gift gegen die Fressfeinde der Schmetterlinge entwickelt, das diese mit dem Pollen aufnehmen.

Blumen, die großen Chemikerinnen der Natur, nutzen Düfte, Farben und Formen, um andere Spezies zur Kooperation zu motivieren. Es gibt Pflanzen, die Schleimsekrete entwickelt haben, die sich wie Klebstoff an den Tierpelz anheften. Einige Blumen locken Honigbienen an, um ihre Beine mit Pollen zu bedecken.

Durch ihre Schönheit, insbesondere ihre Farben, Formen und ihren Duft, besitzen Blumen Verführungsstrategien, die sich sowohl an Tiere als auch an Menschen richten. Einige Pflanzen sind bei der Wahl ihrer Kooperationspartner allerdings recht anspruchsvoll. Die Eiche zum Beispiel ließ sich vom Menschen nie domestizieren. Ihre Früchte sind zwar nahrhaft, aber für uns zu bitter. Sie lässt ihre Eicheln dagegen von den Eichhörnchen transportieren. Da letztere oft vergessen, wo sie sie versteckt haben, dienen sie als Taxis, die die Eicheln mitsamt ihren Samen von einem Wald zum nächsten bringen.

Auch die Ameisen praktizieren gattungsübergreifende symbiotische Kooperationen. Sie gehen mit bestimmten Bakterien Partnerschaften ein. Die Substanzen aus den Mikroorganismen, die mit ihnen in Symbiose leben, ermöglichen es, sich gegen Parasiten oder andere Krankheitserreger in ihren Lebensräumen zu schützen. In Guyana gibt es sogar Ameisen, die Pilze züchten, von denen sie sich ernähren. Die „Pilzameisen“, wie sie auch genannt werden, pflücken Blattteile, die sie zum Ameisenhaufen transportieren, um daraus Kompost herzustellen. Auf diesem Kompost züchten sie den Pilz, der ihnen als Hauptnahrung dient.

In der Natur finden sich also viele Gemeinschaften, die sich gegenseitig helfen, wie z.B. Flechten, eine Symbiose zwischen einem Pilz und einer lichtsynthetisierenden Alge bzw. Bakterium. Die Alge oder das Bakterium liefert Nahrung durch Photosynthese. Der Pilz hingegen bietet schützende Strukturen und sammelt Feuchtigkeit, Nährstoffe und eine Verankerung in der Umgebung.

Am faszinierendsten sind jedoch jene artenübergreifenden Kooperationen, bei denen der Mensch zum Partner wird. Diese nützlichen Formen der Zusammenarbeit zwischen Menschen und anderen Arten sind sehr alt und existieren heute noch. So arbeiten traditionelle Kulturen wie die Yao im Norden Mosambiks bei der Suche nach Honig mit bestimmten wilden Vögeln zusammen. Diese spechtähnlichen Vögel zeigen den Männern des Stammes, wo die besten Bienenstöcke versteckt sind, oft hoch oben in den Bäumen. Als Gegenleistung dafür, dass sie den Ort des Honigs verraten, erhalten die Vögel die Reste des Bienenwachses, ihre Lieblingsspeise. Wissenschaftler haben diese uralte Kooperation, die über hundert bis tausendhundert Jahre vor der Domestikation der Tiere entstanden sein kann, analysiert. Sie zeigen, dass Menschen und ihre Honigführer durch einen außergewöhnlichen Austausch von Lauten und Gesten kommunizieren, die nur bei der Honigsuche verwendet werden. Sie dienen dazu, Begeisterung, Zuverlässigkeit und Engagement für die gefährliche Arbeit zu vermitteln, die Bienen von ihren Waben zu trennen. Während die Vögel mit einem lauten Schrei nahe an die Menschen heranfliegen, rekrutieren die Yao ihre tierischen Führer durch eine unverwechselbare Vokalisation (ein trillerndes „brrr“ gefolgt von einem knurrenden „hmm“). In einer Reihe von Experimenten zeigten Forscher, dass die Vögel nur auf diese Rufe und Gesten reagierten, um die Honigjagd zu beginnen.[31] Diese Beispiele sind ein Beweis dafür, dass Kommunikation und Kooperation mit nichtmenschlichen Wesen in einer Begegnung zweier Intelligenzen möglich sind. Die Arbeitsteilung zwischen Mensch und Vogel bei der Honigsuche entstammt einem alten Wissen um gegenseitige Hilfe, das schon immer zwischen den Arten bestand, sogar lange bevor der Mensch Tiere und Pflanzen domestizierte. Letztere waren allerdings kaum auf unsere Kooperation angewiesen, bis der Mensch die gemeinsame Umwelt zerstörte.

Modelle von Pflanzengemeinschaften und ihrer Zusammenarbeit mit anderen Arten favorisieren Kooperation und Vielfalt. Sie sind ein Vorbild für nachhaltige Landwirtschaft, die ja wie ein reifes natürliches Ökosystem funktioniert, aber sie bieten uns sogar Lektionen darüber, wie man eine zukünftige artenübergreifende Gemeinschaft schafft. Vor kurzem vernichtete eine Pflanzeninvasion in Montana, die aus Mitteleuropa stammende Gefleckte Flockenblume, die örtlichen grünen Gräser, das bevorzugte Futter der Rinder in der Region, und zerstörte damit den Viehhandel in Montana. Nach vielen

31 Siehe: Angier 2016.

erfolglosen Versuchen, das Problem mit Pestiziden in den Griff zu bekommen, setzte man wilde Lupine ein, die einzige Pflanze, die einen chemischen Gegenangriff führen und die Pflanzen in ihrer Umgebung vor den Giften des Tausendgüldenkrauts schützen kann. Die zusätzliche Hilfe der Schafe, die sich daran gütlich taten, entschied über den Ausgang des Kampfes. Diese artenübergreifende Zusammenarbeit verhinderte so den Bankrott eines ganzen Geschäftszweiges in Montana. Andere Spezies arbeiten bereits für uns, beispielsweise indem sie Ackerland von den Exkrementen der Rinder reinigen. In Australien griff man für die Säuberung des Weidelands auf Mistkäfer zurück. Diese äußerst gefräßige Gattung bewegt, vergräbt und verzehrt die Exkremente vieler Tiere auf den Weiden. Die fleißigen Tiere helfen auch dabei, die Anzahl schädlicher Bakterien zu reduzieren und fressen krankheitsübertragende Fliegenlarven.

Die Kooperation mit Pflanzen oder Tieren wäre eine Alternative zur Monokultur, die den Agrarsektor beherrscht. Spinnen, die in der Landwirtschaft schädliche Insekten räubern, könnten dem Menschen helfen, diese ohne Pestizide zu beseitigen. Diese aus der Industrialisierung stammende Praxis ignoriert die dynamischen und komplexen Wechselbeziehungen zwischen den verschiedenen Organismen in einem natürlichen Lebensraum, wo kein Element des Kreislaufs entfernt werden kann, ohne den Zusammenbruch des betreffenden Ökosystems zu riskieren. Um diese Art der Kooperation zwischen den Spezies zu realisieren, benötigen wir jedoch Wissen über die Konnektivität von Pflanzen, Mikroben, Bakterien und Tieren in einem Lebensraum. Mit dem Aufkommen der industriellen Landwirtschaft ging dieses Wissen jedoch weitgehend verloren.

IV.3.2. Die Natur als Modell für eine neue Wirtschaft

IV.3.2.1. Ein anderes Zeitregime für postindustrielle Gesellschaften

Neben den artenspezifischen Techniken gibt es auch allgemeine, gattungsübergreifende Überlebenstechniken. Die *Mimikry* ist die wichtigste davon, von der sich alle anderen ableiten. Sich ähnlich zu machen ist ein elementares, oft sehr kreatives Verhalten bei Tieren und Pflanzen. Es hilft beim Lernen, beim Jagen, bei der Verteidigung gegen Fressfeinde und sogar beim Aufbau sozialer Bindungen. Die geteilte Mimikry aller Wesen bringt Interaktionsformen hervor, die sich über die Artengrenzen hinweg ähneln. Kooperieren und synchronisieren ist eine der ursprünglichsten. Fische organisieren sich in Schwärmen, um sich vor Fressfeinden zu schützen (Abb. 12), Vögel bilden Formationen und Pflanzen können sogar ihre Wachstumszyklen koordinieren. Die Hunderte und Tausende von Staren, die am Himmel faszinierende Formationen wechselnder Linien und Formen bilden, sind ein Beispiel dafür. Die Vögel koordinieren ihre Bewegungen in atemberaubender Geschwindigkeit. Jeder Einzelne reagiert auf bis zu sechs oder sieben seiner engsten Nachbarn, ihre Bewegung ist bestimmt durch das, was Wissenschaftler die „skalenfreie Verhaltenskorrelation" nennen. Wenn ein Vogel seine Bewegungen verändert, beeinflusst das jeden anderen innerhalb des Schwarms, unabhängig von dessen Größe.

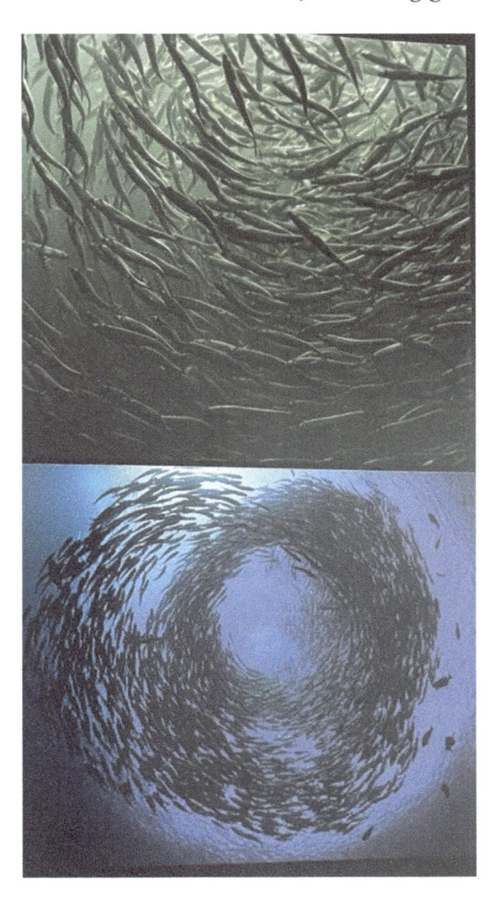

Abb. 12: Fischschwärme. In: Ball 2016, S. 123

Die Grundlage jeder Kooperation ist ein rhythmisch synchronisiertes Verhalten. Sie kennzeichnet alle Ebenen des Lebens von den einfachsten zellulären Organismen über Pflanzen, Tiere bis hin zum Menschen.[32]

> Darüber hinaus zeigt ein genauerer Blick auf die Natur aller Dinge, dass dieses kollektive „synchronisierte Verhalten" tatsächlich ein wesentlicher Aspekt des Lebens im Allgemeinen ist. Es ist so weit verbreitet, dass es auf allen Ebenen der biologischen Organisation zu finden ist, vom Aufbau einer eukaryotischen Zelle, die sich auf die symbiotische Zusammenarbeit ihrer inneren Organellen stützt, über die Evolution mehrzelliger Organismen bis hin zu Kolonien und Gesellschaften von Organismen, wie wir sie für Tierarten, einschließlich des Menschen, verstehen.[33]

Es ist nicht verwunderlich, dass das Schwarmverhalten von Menschen seit einiger Zeit zum Gegenstand soziologischer Studien wurde.[34]

Der Rhythmus und die zyklische Zeit, die noch weitgehend die Agrargesellschaften bestimmten, wurden mit der Industrialisierung durch die Dominanz der linearen Zeit ersetzt, symbolisiert im Takt der Maschine. In diesem Prozess geriet eine uralte Technik in Vergessenheit, die wir mit Nichtmenschen teilen: die Synchronisation mit Anderen über den Rhythmus. Ein gutes Beispiel dafür sind Arbeitstechniken. Zahlreiche Arbeitsgesten folgen einer vom Körper internalisierten Choreografie. In der Antike zum Beispiel wurde das Kneten des Brotteigs oft von Flötenmusik begleitet. Das Schneiden und Sammeln von Heu auf den Feldern war bis in die modernen Gesellschaften hinein eine kollektiv abgestimmte Arbeit, die bestimmten Rhythmen folgte.[35]

Anstatt sich mit den natürlichen Prozessen zu synchronisieren, hat der moderne Mensch die Natur – einschließlich seiner eigenen – einem linearen

---

32 Vgl. Gagliano 2016, S. 23.

33 „Moreover, a closer look into the nature of all things reveals that such collective 'in- tune-behaviour' is in fact an essential aspect of life in general. It is so prevalent that it is found at all levels of biological organization, from the assembly of a eukaryotic cell that relies on the symbiotic cooperation of its internal organelles to the evolution of multicellular organisms and ultimately organizational colonies and societies as we understand them for animal species, including humans." Barker 2015, S. 26.

34 Siehe z.B. Hermann 2019.

35 Siehe Baxmann 2009, S. 27-28.

Zeitregime unterworfen, das im Industriezeitalter erweitert und globalisiert wurde. Das Symbol der modernen Arbeitskultur waren das Fließband und die Stechuhr. Die moderne Organisation der Arbeit der Massen von Arbeitern und Büroangestellten wurde von F.W. Taylor entworfen. Er nannte es „Scientific Management" und analysierte Gesten und Bewegungen der Arbeiter, um den effizientesten Ablauf zu finden. Ziel war es, die Arbeitsleistung zu steigern und Energieverschwendung zu verringern. Neben der Einführung eines neuen Zeitregimes sollte die Bewegungsökonomie des „Scientific Management" in den Worten von Frank und Lillian Gilbreth eine „mentale Revolution" bewirken.[36] In den Zwanziger Jahren des vorigen Jahrhunderts wurde die Ford-Autofabrik in Detroit zum Modell für die gemessene und getaktete Arbeit am Fließband. Das neue Verhältnis zur Zeit veränderte die Gewohnheiten und das Empfinden. Sie veränderte nicht nur die Arbeit, sondern erstreckte sich auf alle Bereiche des modernen Lebens. Selbst die rhythmische pflanzliche Zeitlichkeit des Keimens, Wachsens, Blühens und Fruchtens der Natur wurde dem Takt und der industriellen Zeit unterworfen. Dabei weiß jeder Gärtner nur zu gut, dass man Geduld braucht. Die natürlichen Rhythmen zu vernachlässigen und zu versuchen, diesen Prozess durch den Einsatz von Zwang oder Chemie – ein seit dem 19. Jahrhundert etabliertes Verfahren – zu beschleunigen, schadet den Pflanzen.[37] Die Monokultur der industriellen

---

36 Gilbreth 1925, S. 57.

37 Vgl. Marder 2016, S. 9: „Often, commercial growers subject plants to supplemental artificial light in order to speed up their growth, extending photoperiods to 16, 20, and at times 24 hours a day. Like humans, plants can be violated by uninterrupted light that forces them to grow without nocturnal, as well as seasonal, breaks. The leaves of corn, for example, show signs of damage after the cyclical time of alteration and alternation (of light, heat and so forth) is withheld from these plants. The patience, with which crops used to be waited, is entirely lacking." („Häufig unterwirft die kommerzielle Agrikultur die Pflanzen einem zusätzlichen künstlichen Licht, um deren Wachstumsprozess zu beschleunigen, indem sie die Lichtphasen auf 16, 20 und manchmal 24 Stunden ausdehnen. Wie der Mensch können auch Pflanzen durch ununterbrochenes Licht vergewaltigt werden, das sie zwingt, ohne nächtliche, wie auch jahreszeitliche Unterbrechungen zu wachsen. Die Blätter von Korn, zum Beispiel, zeigen Anzeichen von Schäden, nachdem den Pflanzen die zyklische Zeit der Veränderung und

Landwirtschaft machte die Pflanzen anfälliger und erforderte einen immer höheren Einsatz von Pestiziden zu ihrer Erhaltung. Was für Pflanzen gilt, gilt auch für die industrialisierte Tierhaltung, bei der die Tiere oft grauenvollen Lebensbedingungen unterworfen werden.

Zusammengefasst: Die bis heute vorherrschende lineare Betrachtungsweise der Zeit hatte auch weitreichende Folgen für die Art und Weise, wie wir uns die Zukunft unserer Gesellschaft und ihrer Ökonomie vorstellen. Unsere Wirtschaft vollzieht eine lineare Transformation, während die Natur auf einem zyklischen System beruht. In den heutigen postindustriellen Gesellschaften entsteht jedoch ein neues Bedürfnis nach einer Synchronisation, die auf einem anderen Zeitregime beruht. Das industrielle Modell der Produktion und der Wirtschaftsorganisation ist in der Krise. Dies motivierte die Idee einer Biomimesis, die nun auf ein Terrain angewandt wird, auf dem wir uns immer als die einzigen Experten betrachtet haben: die menschliche Wirtschaft und Gesellschaft. In Anbetracht von Grenzen kreativ zu werden, ist – wie wir gesehen haben – die Stärke der Natur. Sie weiß einiges über effizientes Wirtschaften: wie man Energie effektiv verwendet, wie man durch sparsame Verwendung optimiert oder wie man Abfälle als Ressourcen nutzt. Deshalb vergleicht man Volkswirtschaften mit Ökosystemen. Beide teilen grundlegende Prinzipien.

> Volkswirtschaften sind wie Ökosysteme: Beide Systeme nehmen Energie und Materialien auf und wandeln sie in Produkte um. Das Problem ist, dass unsere Wirtschaft eine lineare Transformation durchführt, während die der Natur zyklisch ist.[38]

Wenn man menschliche Gesellschaften mit Ökosystemen vergleicht, dienen insbesondere der Wald und die Wiese als Modell für eine neue wirtschaftliche und soziale Organisation. Wir können von anderen Organismen lernen, wie sie mit einfachen Mitteln Organisationsprobleme lösen und eine Ressourcenwirtschaft bilden. Pflanzen können ein Vorbild für ein Kollektiv und eine Technik liefern, die in dezentralisierten, rekurrenten und

---

Abwechslung (von Licht, Wärme und so weiter) entzogen wird. Die Geduld, mit der man früher das Pflanzenwachstum abwartete, fehlt vollkommen.")

38 „Economies are like ecosystems: both systems take into energy and material and transform it into products. The problem is that our economy performs a linear transformation, whereas nature's is cyclic." Beyes 2002, S. 242.

modularen Netzwerken funktionieren. Kehren wir zum Beispiel der Wiese zurück: Hier schafft eine artenübergreifende Zusammenarbeit nachhaltige und lebenserhaltende Strukturen. In der Wiese trägt jeder Organismus, ob Wurzeln, Bienen, Pflanzen, Insekten oder Pilze, dazu bei, den Lebensraum in einem dynamischen Gleichgewicht zu erhalten und zu regenerieren. Im Ökosystem ist kein Element überflüssig und das Ganze ist abhängig von der Zusammenarbeit dieser Teile. Die Organisationsstruktur, die wir in der Natur vorfinden, ist im Grunde das Gegenmodell zu den hierarchischen Strukturen, die immer noch in unseren Unternehmen und Institutionen vorherrschen, die weitgehend pyramidenförmig aufgebaut sind. Das Design der Natur realisiert sich durch flexible und effiziente Strukturen. Sie finden ein Gleichgewicht zwischen Chaos und Kontrolle, um eine optimale Leistung zu ermöglichen, die schnell auf äußere Veränderungen reagieren kann.

> In Flüssigkeiten neigen die Moleküle dazu, sich zufällig zu positionieren, was es unmöglich macht, genau zu beschreiben oder vorherzusagen, wo sie sich befinden oder wo sie im nächsten Moment sein werden. Genau in diesem Grenzbereich zwischen Kontrolle und Chaos liegt der Punkt, an dem eine biomimetische Organisation ihre optimale Leistung erbringt.[39]

Man entdeckt die Prozesse und Kooperationen in der Natur für eine neue Organisation der Arbeit und der Unternehmen. Das Design und die Prozesse der Natur werden dabei zum Modell für eine zukünftige Wirtschaft. In ihrem Buch *Biomimicry in organizations* wenden Fausto Tazzi, ein Manager multinationaler Unternehmen, und Cinzia de Rossi, eine Spezialistin für Wirtschaftspsychologie, die Prinzipien der Organisation natürlicher Lebensräume, vor allem von Wäldern und Wiesen, auf die menschliche Wirtschaft an. Ihr Buch gehört zu einem neuen wissenschaftlichen Paradigma, das innovative Lösungen für die Probleme der menschlichen Gesellschaften in der Natur findet.[40]

---

39 „In liquids, the molecules tend to position themselves randomly, making it impossible to describe or predict exactly where they are going to be in the next instant. It is precisely in this border area between control and chaos that the point of optimal performance of a biomimetic organization lies." Tazzi/De Rossi 2016, S. 31.

40 Vgl. ebd., S. 17: „Biomimikry, aus den griechischen Wörtern bios, was Leben bedeutet, und mimesis, was Nachahmung bedeutet – ist ein neuer

> Where traditional organizational charts draw rigid shapes, imposed from the outside with hardly any planned resilience, natural structures are extremely rich in interfaces that allow multiple separate sources of control, increase durability and flexibility, and preempt the potentially destructive impact of a rift on the whole.[41]

Auf der Suche nach innovativen Modellen zur Steuerung fluktuierender Systeme – wie es postindustrielle Gesellschaften und ihre Volkswirtschaften sind – wird der Rhythmus wiederentdeckt. Auch die Arbeitskulturen verändern sich: Anstelle der linearen Logik funktionalistischer und hierarchischer Strukturen funktionieren die neuen Konzepte von Unternehmensführung zunehmend nach dem Modell der Konnektivität, wie es die Ökosysteme charakterisiert: wie die Wiese, die Stürme überstehen kann und sich ständig erneuert. Sie ernährt sich von dem, was sich im Boden befindet, recycelt ihre Nährstoffe und passt sich an äußere Veränderungen an, weil sie sich mit ihrer Umgebung synchronisiert. Das impliziert ein ganzes System des Austauschs mit ihren Nachbarn. Kooperieren und synchronisieren – diese uralten Überlebenstechniken zwischen den Arten kommen hier voll zum Tragen.

Wenn sich eine Organisation wie eine Wiese verhält, integriert sie jeden Einzelnen und setzt darüber die Energie der Menschen frei, die in ihr arbeiten. Dies beansprucht aber auch ein mimetisches Wissen der Interaktion, um sich mit den anderen zu synchronisieren. Zu lernen, „wie ein Ökosystem zu denken“ – und dementsprechend zu handeln – verlangt von uns, dass wir uns in die Pluralität und Verflechtung der Zeitabläufe einfügen, die von anderen Akteuren und Kräften auf dem Planeten mitgestaltet werden, anstatt Anderen unseren Zeitablauf aufzuzwingen. Vor allem aber müssen wir vollkommen anders über unsere Technologien nachdenken. Es gilt neue Ansätze zu entwickeln und uns das nötige Wissen anzueignen, denn erst dann können wir beurteilen, welche Folgen unsere technischen, wirtschaftlichen und sozialen Praktiken für andere Arten haben. Kein Grund zum Pessimismus: Intelligente Lösungen für Herausforderungen zu finden und sich zu ihrer Verwirklichung mit anderen zu synchronisieren, ist Teil eines speziesübergreifenden Erbes. Doch allzu oft bleiben unsere

---

Wissenschaftszweig, der Muster in der Natur untersucht und sie als Inspiration für innovative Lösungen für die Probleme unserer Gesellschaft nutzt“.

41 Ebd., S. 32-33.

Technologien – selbst in der Biomimesis – im Spezies-Egoismus stecken, der die Möglichkeiten einschränkt, die sie uns bieten, um eine mehr-als-menschliche Zukunft zu verwirklichen.

Die Anthropologie der Bescheidenheit revolutioniert unsere Vorstellungen von Technologie und schlägt eine Haltung vor, die es uns ermöglicht, das Potenzial des technischen Wissens der Natur voll auszuschöpfen. Bescheidenheit bedeutet hier, unsere Technologien als Teil und Beitrag zu artenübergreifenden Technologien wahrzunehmen und zu nutzen, um Lösungen für gemeinsame Probleme zu finden. Von anderen Spezies zu lernen und die technische Zusammenarbeit mit Nichtmenschen wiederzuentdecken, wird unsere Technologien wieder in der Natur verankern, zu der sie immer gehörten. Um von der Natur lernen zu können, müssen wir aber zuerst lernen, ihr zuzuhören und sie nicht als Objekt zu studieren, sondern als Teil einer artenübergreifenden Gemeinschaft, die sich diesen Planeten teilt.

Epilog

Es ist wahr, wir sind einzigartig. Aber auch Pflanzen und Tiere sind auf ihre Weise einzigartig und verfügen über oft außergewöhnliche sensorische, technische und andere Fähigkeiten. Viele der Eigenschaften, die lange Zeit als Beweis für unseren Ausnahmestatus galten, wie der Gebrauch von Werkzeugen und technischen Verfahren, die Semiotik und das soziale Verhalten bis hin zum ästhetischen Vergnügen, sind auch bei anderen Arten zu beobachten. Darstellen, Erfinden und sogar ethisches Verhalten sind nicht mehr ausschließlich menschliche Angelegenheiten. Zunehmend erodieren die Entdeckungen über Intelligenz und Kreativität bei Nichtmenschen den Narzissmus unserer Gattung und hinterfragen die Annahmen der klassischen Anthropologie über Evolution, Identität, Wissen, Kultur und Soziales. Die Narration menschlicher Zivilisation als triumphale Unterwerfung der Erde, die diese Anthropologie weitgehend dominiert, macht allmählich anderen, vorsichtigeren Erzählungen Platz. Dadurch verändert sich der eigentliche Gegenstand der Anthropologie, der Mensch. Was sich dabei herauskristallisiert, ist das Bild eines recht instabilen Wesens, das eher zufällig auf dem einzigen Planeten im Universum auftaucht, der ihm die für sein Überleben notwendigen Bedingungen bieten kann und von dem er völlig abhängig ist.

Die Konturen der Anthropologie der Bescheidenheit entstehen um die Themen und Dimensionen, die in den verschiedenen Kapiteln verhandelt wurden. Sie bilden den roten Faden für verschiedene Mikroerzählungen, die Fragen, Strategien und Visionen der aktuellen ökologischen Krise in den Blick nehmen. Ihre ineinander verflochtenen Narrationen identifizieren die entscheidenden Kräfte und Strategien eines neuen Verhältnisses zur Natur. In den verschiedenen Kapiteln finden sich nicht nur Erklärungen für unser derzeitiges Dilemma, sondern auch Inspirationen, wie wir aus dem Narzissmus unserer Spezies ausbrechen und uns auf den Weg in eine mehr-als-menschliche Zukunft machen können. Dazu habe ich das übliche anthropozentrische Verfahren umgekehrt, bei dem der Mensch der Maßstab ist, um die Fähigkeiten von Wesen einer anderen Spezies zu beurteilen. Wenn Vergleiche zwischen uns und Nichtmenschen überhaupt einen

Zweck erfüllen, dann den, zu begreifen, wie jede Spezies auf ihre eigene Art und Weise einzigartig ist, auch wenn sie einige Eigenschaften mit anderen Gattungen teilt. Jede besitzt ihre eigene Intelligenz und die technischen wie sensorischen Fähigkeiten, die perfekt an ihre spezifische Umgebung angepasst sind.

Wie wir gesehen haben, ist unser Stammbaum ziemlich verstörend. Sein Ursprung liegt in Molekülen des Lebens, die von allen Spezies geteilt werden und sich über Entwicklungsmechanismen realisieren, die ebenfalls universell sind. Jene hybride Kreatur, die wir Mensch nennen, entwickelte sich in Koevolution mit anderen Arten, der sie vieles verdankt, was sie später aufbaute und worauf sie so stolz ist, wie ihre Zivilisation und Kultur.

Obwohl wir viele Merkmale mit anderen Arten teilen, besitzen wir auch einige, die einmalig sind und uns befähigen, in unserer spezifischen Umgebung zu gedeihen. Paradoxerweise gehören dazu auch kognitive Fähigkeiten, die es ermöglichen, uns vom Rest der natürlichen Welt zu distanzieren, uns von ihr getrennt oder sogar überlegen zu fühlen. Der Mensch hat seine besonderen Begabungen genutzt, um sich – zunächst langsam und dann, vor allem seit dem 19. Jahrhundert immer schneller – in das gefräßigste und gefährlichste Raubtier auf dem Planeten zu verwandeln. Auf seinem Weg zerstörte er so viele andere Arten und Ökosysteme, dass er nun selbst vom Aussterben bedroht ist. Aus der Perspektive einer anderen Spezies betrachtet, wäre es am besten, den Kontakt möglichst zu vermeiden und uns aus dem Weg zu gehen.

Mithilfe der Bio- und Nanotechnologie haben wir neue, wiederverwertbare Materialien erfunden und sind in der Lage, einen Teil der vom Aussterben bedrohten und sogar der bereits ausgestorbenen Arten neu zu erschaffen. Unsere nahezu unbegrenzten technologischen Fähigkeiten ermöglichen es uns, unsere Tradition der Ausbeutung der Natur zu korrigieren. Vorausgesetzt allerdings, wir ändern die Art und Weise, wie wir diese Technologien nutzen, und entwickeln sie weiter, um unsere Beziehung zu anderen Arten zu verändern und zur Rettung der Erde beizutragen. Eine Stärke unserer Spezies liegt beispielsweise darin, stets neue Technologien zu erfinden, die unsere Sinne erweitern. Damit entstehen auch neue Wahrnehmungen der natürlichen Welt.

In der langen Geschichte unserer Beziehung zu den anderen Spezies gab es immer wieder andere Stimmen und alternative Praktiken zum

Anthropozentrismus. Sie bieten in der aktuellen Situation Inspiration für ein neues Verhältnis zur nichtmenschlichen Welt. Eine Anthropologie der Bescheidenheit versammelt daher seltsame Bettgenossen. Es finden sich Figuren, die scheinbar wenig gemein haben, von Wissenschaftlern und Philosophen über Künstler bis hin zu Schamanen und Hexen. Sie alle liefern Ideen, Praktiken und Wissensformen, die in unser Projekt einfließen. Diese Gegenströmungen zur Ausbeutung der Natur, die zum Teil noch in einigen indigenen Kulturen und vormodernen Gesellschaften vorhanden sind, setzen sich sogar bis ins Industriezeitalter fort. Für eine Anthropologie der Bescheidenheit ist diese Epoche ein wichtiger Bezugspunkt. Einerseits, weil sich der Bruch zwischen Mensch und Natur vertiefte und der instrumentalistische Umgang mit der Natur auf eine Stufe gehoben wurde, die die gegenwärtige Situation ankündigt. Andererseits entdeckte die Moderne das Potenzial moderner Technologien, den Menschen näher an die Natur heranzuführen – ein Ansatz, an den wir heute anknüpfen können.

Wie wir uns in der Evolutionsgeschichte verorten, war schon immer entscheidend für unsere Identität als Menschen. Das *erste Kapitel* beschreibt, wie sich diese Narration durch die aktuellen Entdeckungen über unsere Verwandtschaft mit anderen Arten verändert. Unsere Technologien, die oft dazu dienten, die Natur zu instrumentalisieren, können ebenso eine Welt enthüllen, die ohne sie außerhalb unserer Wahrnehmung läge. Dabei zeigte sich, wie die – weitgehend mithilfe digitaler Medien gemachten – neuen Entdeckungen über die Fähigkeiten nichtmenschlicher Wesen uns dazu zwingen, unsere Vorstellungen vom Subjekt und vom Sozialen, vom Wissen und von der Technik in Frage zu stellen. Die klare Grenze zwischen Menschen und anderen Spezies löst sich auf. Infolgedessen ist auch die vorherrschende Narration der menschlichen Evolution und Geschichte nicht mehr haltbar. Anstelle der hierarchischen Skala der Wesen, die die Grundlage der klassischen Anthropologie bildet, offenbart sich dabei eine Kontinuität des Lebens, die es den Individuen jeder Art ermöglicht, sich weiterzuentwickeln und auf effiziente und intelligente Weise mit den Herausforderungen ihrer Umwelt umzugehen. Denn andere Gattungen erweisen sich nicht nur als Akteure in der Evolution ihrer eigenen Spezies, sondern sind auch in der Lage, ihre Zukunft aktiv zu gestalten.

Eine Existenz am Rande des Abgrunds, den unbeständigen und oft dramatischen Rhythmen der Natur ausgesetzt, ist das gemeinsame Schicksal allen Lebens auf diesem Planeten. Das *zweite Kapitel* stellt eine These auf, die dazu dient, die im Laufe des Buches dargelegten Erzählstränge miteinander zu verbinden: Es rekonstruiert die geniale Antwort, die die Natur auf diese Bedingung gefunden hat: die Plastizität. Dieses Merkmal, wird über Artgrenzen hinweg geteilt und ermöglicht es Organismen, flexibel auf Veränderungen und Gefahren von außen zu reagieren. Die Plastizität allen Lebens bildet die Grundlage für eine Anthropologie der Bescheidenheit und ersetzt den alten Mythos des menschlichen Exzeptionalismus. Unsere genetische und evolutionäre Verbindung mit anderen Spezies, die Attribute, die wir mit ihnen teilen, sind ausnahmslos in dieser Plastizität begründet. Alles Leben ist darauf angelegt. Obwohl sich ihre Ausdrucksformen von Art zu Art unterscheiden, bildet die Plastizität dennoch das grundlegende Band, das alle Arten miteinander verbindet. Das Design der Natur ist ihr wesentlicher Ausdruck. Die gleichen rhythmisch organisierten Muster finden sich überall: in Schneeflocken, Bakterien und den Wellen des Ozeans. Die Natur verwendet das gleiche Muster immer und immer wieder. Organismen reagieren auf ihre Umwelt und verändern sie. In diesem Prozess werden sie zu Subjekten. Selbst die Pflanzen sind da keine Ausnahme. Eine Anthropologie der Bescheidenheit beginnt mit den Pflanzen, weil diese Spezies am weitesten entfernt ist von unserer Art zu leben. Damit zwingen sie uns, aus der anthropozentrischen Perspektive herauszutreten. Unser kleiner Ausflug in ihre Welt enthüllte eine andere Form der Intelligenz, die mit erstaunlichen Sinnen und ausgeklügelten Lebenstechniken verbunden ist. Pflanzen können uns eine Menge Dinge lehren – übrigens eine Grundannahme indigener Umweltphilosophie.

Auch unsere *ethischen* Systeme sind anthropozentrisch. Sie beruhen auf einem normativen Rahmen, der auf den Menschen beschränkt ist. Natürlich hindert uns das nicht ganz, nichtmenschliche Wesen in Betracht zu ziehen oder eine moralische Verpflichtung ihnen gegenüber zu formulieren. Aber es macht einen Unterschied, ob wir sie als gleichwertiges Gegenüber oder als passives Objekt menschlicher Handlungen betrachten.

Mit der Entdeckung der Existenz nichtmenschlicher Verwandter, die wir nie vermutet hatten, und unserer Koevolution mit ihnen wandelt sich auch die Vorstellung von Gesellschaft und Gemeinschaft. Die Entdeckungen der Neurobiologie erweisen, dass die Bausteine des menschlichen „sozialen" Gehirns (einschließlich der Systeme, die Hierarchien und Stimmungen prägen) bei Fischen, Vögeln, Amphibien, Reptilien und sogar bei Schalentieren gleichermaßen zu finden sind. Mit anderen Worten: Die Beziehungsfähigkeit – die Fähigkeit eines Lebewesens, sein Verhalten als Reaktion auf andere Mitglieder seiner Gruppe zu verfeinern – ist weit verbreitet und sehr alt. Unsere menschliche Erfahrung mit Freundschaft, einschließlich intensiver Gefühle der Verbundenheit und der Qual der Ablehnung, entstammt dieser uralten Biologie. Die Forschung legt nahe, dass sogar Mitglieder verschiedener Arten (wie z.B. Hunde und ihre Besitzer) aufgrund der gemeinsamen Merkmale des sozialen Gehirns miteinander kommunizieren können. Dies ist Teil einer – Hunderte von Millionen Jahren ausmachenden – evolutionären Geschichte. Indem die gemeinsame Situation der menschlichen wie nichtmenschlichen Bewohner des Planeten in den Fokus rückt, verändert sich unser Verhältnis wie unser Verhalten gegenüber der Natur.

Die Kontinuität der Wesen zu betonen, bedeutet indes keineswegs, die besonderen Fähigkeiten und Fertigkeiten des Menschen zu leugnen. Es geht vielmehr darum, sie in den Kontext der Gesamtheit der sensorischen, technischen und sozialen Fähigkeiten zu stellen, die überall in der natürlichen Welt zu finden sind. Wie jeder andere Organismus sind wir auf plastische Reaktionen angelegt. Die Fähigkeit unseres Gehirns, sich selbst zu verändern und neue Verhaltensweisen zu erlernen, führt sogar zu Veränderungen auf der Ebene der Zellen. Das Soziale und das Genetische lassen sich also nicht mehr klar abgrenzen, denn die biologische und die kulturelle Evolution sind untrennbar miteinander verbunden. Die Neuroplastizität des Menschen ist in einer Sensibilität verankert, die die von der Umwelt ausgehenden Schwingungen aufnimmt. Das Design der Natur hat also Spuren in unserem Gehirn hinterlassen: Es ist darauf getrimmt, Muster, also wiederkehrende rhythmische Strukturen, zu erkennen. Aber worin liegt die Spezifik menschlicher Plastizität? Diese Frage führte uns zur Fähigkeit der Imagination.

Die Anthropologie der Bescheidenheit beruht auf einem erweiterten Konzept des Wissens, der Intelligenz und des Sozialen. Trotz unseres Spezies-Narzissmus beinhaltete unsere Beziehung zur Natur zugleich den Wunsch nach Partizipation, nach Auflösung der Trennung von den anderen Wesen. Er manifestiert sich im artenübergreifenden Imaginären, jener Vorstellungswelt, die Kulturen und Zeiten durchzieht und noch weitgehend die Praktiken indigener Kulturen bestimmt. Dieses Imaginäre bildet einen wichtigen Bezugspunkt für eine mehr-als-menschliche Zukunft.

Das *dritte Kapitel* untersuchte daher, wie die imaginative Einfühlung in andere Arten dabei helfen kann, eine im Laufe der Zeit verloren gegangene Beziehung zur natürlichen Welt wieder aufzubauen und vor allem zu empfinden. Der Verlust der Stimmen der Natur in all ihren visuellen, akustischen, taktilen und olfaktorischen Dimensionen wird erst mit der Industrialisierung des Ohrs in der Moderne wirklich vollzogen. Die Kultur des Hörens zu verändern, indem wir das Zuhören wieder erlernen, könnte das gesamte Konzept von „Natur" revolutionieren. Die von Friedrich Nietzsche propagierte „Ohrenphilosophie" scheint dies vorausgesehen zu haben: Er betonte die Bedeutung von Klang, Körper und Nachahmung in einer Welt, in der sich der Mensch noch als Teil der Natur wahrnahm. Sich diesem Universum zugehörig zu fühlen, ebnet den Weg für eine neue Betrachtung der Nichtmenschen, mit all der Aufmerksamkeit und Sorgfalt, die ihnen gebührt. Dies ist in erster Linie eine Frage der Sensibilität. Um unsere Sinne zu schärfen und sogar zu entwickeln, kommt uns unsere Technologie zur Hilfe. Dieser Zusammenhang wurde bereits in der Moderne erkannt – vor allem mithilfe der Mikrofotografie und des Films –, die andere Zeitlichkeiten einfingen und mit der menschlichen Wahrnehmung synchronisierten. Die neuen Medien der Epoche bildeten die Grundlage für eine ökologische Kritik, die den Menschen mithilfe der Technologie wieder in die natürliche Welt integrieren wollte. Denn die neuen Medien vermochten einer nichtmenschlichen Sensibilität und Subjektivität Gestalt zu verleihen. Im Zusammenspiel von Biowissenschaften, Technologie und Kunst entstand so eine Gegenströmung zum Anthropozentrismus, die unsere heutigen Anliegen vorwegnimmt. Heute ermöglichen digitale Technologien vergleichbare und sogar erweiterte Erfahrungen der Natur.

Um Wissen zu schaffen, das uns hilft, das Leben anderer Arten zu verstehen, sind die wissenschaftliche und technologische Expertise also bei weitem nicht der einzige Weg. Das in den Praktiken und Vorstellungen indigener Völker gespeicherte Erfahrungswissen bildet einen Zugang zur Natur, und dies ist ein Wissen der Praktiken, des Körpers, der Sinne und der Affekte. Bleibt noch ein weiterer Zugang zu rekonstruieren, der uns ganz neue Möglichkeiten bietet, die vielfältigen Stimmen der Natur wahrzunehmen: die Kunst. Obwohl ästhetisches Vergnügen ein Merkmal ist, das über Artengrenzen hinweg geteilt wird, scheint der Mensch das einzige Wesen zu sein, das Kunst produziert. Als großes Reservoir des artenübergreifenden Imaginären hilft die Kunst dabei, Visionen einer gattungsübergreifenden Zukunft zu schmieden, die wir brauchen, um aktuelles Handeln zu inspirieren. Ein Kunstwerk kann uns tiefer berühren und unser Verhalten stärker verändern als wissenschaftliche oder politische Reden, weil es in erster Linie unsere Gefühle und unsere Sinne anspricht. Künstlerische Werke erreichen dies auf tausend verschiedene Arten. Heute sind es häufig immersive Kunstwerke, die eine Erfahrung ermöglichen, die im Verlauf der Entwicklung der westlichen Zivilisation verloren gegangen ist: eine Kommunikation und Interaktion mit der Natur, die uns Zugang zu einer Erfahrung des Zusammenlebens verschafft, die uns einschließt. Diese Kunst bedient sich der digitalen Medien und löst sie aus dem technologischen Apparat, und entfaltet so deren Potenzial für ein neues Verhältnis zur Natur. Die Träume von der Sympathie mit Pflanzen und Tieren, die einst auf die Phantasie beschränkt waren, können in immersiven Räumen sinnlich erfahrbar werden. Wir erlernen dort eine neue Praxis des Zuhörens, der Bewegung, der Aufmerksamkeit für die von der Umgebung ausgehenden Schwingungen und Resonanzen. Dies verändert unseren Stil des Verhaltens, der Wahrnehmung und der Interaktion mit der natürlichen Welt. Unsere Sensibilität ist darauf angelegt, auf die Energien und Vibrationen zu reagieren, die diese Welt durchziehen und mit ihr zu kommunizieren. Um diese Rezeptivität wiederzufinden und unsere Sensibilität, braucht es eine Sinneskultur die eine Verbindung zur nichtmenschlichen Welt wiederherstellt, die sich auf Empfinden und Zuhören gründet. Das Kulturideal des labilen, resonanzfähigen Menschen, das im frühen 20. Jahrhundert im Zusammenspiel zwischen Ökologie und avantgardistischer Kunst entstand, könnte man für die aktuelle Kultur wiederbeleben.

Wenn es überhaupt eine Zukunft auf diesem Planeten gibt, dann wird sie mehr-als-menschlich sein. Um dazu beizutragen, müssen wir Biosphäre und Technosphäre in Einklang bringen. Es geht also nicht darum, auf unsere technologischen Errungenschaften zu verzichten, sondern darum sie aus der Tradition der Instrumentalisierung zu befreien, die weitgehend ihre Entwicklung und Nutzung bestimmt.

Das *vierte Kapitel* erzählt daher eine andere Geschichte unseres technischen Erfindungsreichtums als jene, die wir gewohnt sind. Eine

Anthropologie der Bescheidenheit versucht, die bislang anthropozentrische Technizität wieder in ihrem elementaren Kontext zu verankern: das von der Natur bereitgestellte Trägersystem, von dem all unsere Technologien abhängen. In diesem Kapitel habe ich versucht, den Begriff der Technik zu erweitern, um die technische Kultur der natürlichen Welt einzubeziehen. Dies scheint angebracht, da ein Großteil der technischen Erfindungen, die der Mensch im Laufe seiner Evolution gemacht hat, durch die Nachahmung von Erfindungen der Natur erfolgte. Die heutige Biomimesis führt diese uralte Praxis lediglich fort und erweitert sie. Wenn die nichtmenschlichen Subjekte, mit denen wir den Planeten teilen, mehr als bloße Dienstleister sein sollen, wenn ihr „Wissen" und ihre Techniken sie dazu qualifizieren, ökologische Lehrer zu werden, dann müssen wir zunächst tief in der westlichen Kultur verwurzelte Vorstellungen und Gewohnheiten über Bord werfen.

Wenn man unsere technischen Erfindungen in den Kontext artenübergreifender Lebenstechniken einordnet, wird der alte Gegensatz zwischen Natur und Technik obsolet. Es gibt Techniken, die für eine Spezies typisch sind. Aber überall auf den Wiesen, in den Wäldern oder im Ozean finden sich ebenso allgemeine Lebenstechniken, die über die Artengrenze hinausgehen. Dazu gehören insbesondere die Mimikry, die Kooperation und die Synchronisation.

Höchster Ausdruck menschlicher technischer Kreativität wäre es, nach Vorbildern für eine umweltfreundliche technische Kultur in der Natur zu suchen. Um eine nachhaltige Wirtschaft zu schaffen, sollten wir dabei nicht nur die Techniken, sondern vor allem die technischen Verfahren der Natur kopieren. Eine Verbindung unserer fortschrittlichsten Technologien mit dem Wissen der Natur findet sich bereits im biomimetischen Design.

Auch die Praxis der Kooperation mit Pflanzen kann die Pestizide der industriellen Landwirtschaft vermeiden oder krankheitsübertragende Bakterien und Insekten reduzieren. Hier können wir auf die Erfahrung in speziesübergreifender Kooperation zurückgreifen, wie sie die indigenen und vormodernen Kulturen besitzen.

Unser wichtigster Beitrag zu einer mehr-als-menschlichen Zukunft besteht darin, das empfindliche Gleichgewicht unseres Planeten zu erhalten, anstatt ihn zu überhitzen. Der Zustand der Erde ist zu einem großen Teil auf unsere Unfähigkeit zurückzuführen, uns mit geologischen Zeiten und natürlichen Rhythmen zu synchronisieren. Westliche Gesellschaften sind noch immer nach der linearen Zeit organisiert, die auf der Vorstellung beruht, dass sich Entwicklungsprozesse in Schritten vollziehen. Unsere Ökonomie nach dem zyklischen Muster der Natur zu gestalten, ist weit mehr als nur eine „Rückkehr“ zur Natur, sondern ein innovatives Modell nachhaltiger Wirtschaft.

Unsere Technologien haben zum Aussterben von Arten und zur Zerstörung natürlicher Lebensräume beigetragen. Die Logik, die dazu führte, ist noch immer tief in den Praktiken der heutigen Biotechnologie verankert. Sie ist aber nicht unvermeidlich. Angesichts ihres beschleunigten Aussterbens ist das Klonen ausgestorbener oder vom Aussterben bedrohter Arten eine unverzichtbare Strategie. Doch diese Wiedererschaffung ausgestorbener oder die Erfindung neuer Arten konfrontiert uns mit dem alten Problem des Menschen als Schöpfergott. Einerseits gilt es den Planeten mithilfe unserer fortschrittlichen Technologien zu schützen, und andererseits laufen wir damit Gefahr, jene Fehler zu wiederholen, die die menschliche Technologie zum Hauptmittel seiner Zerstörung gemacht haben. Bei der Navigation dieses schwierigen Terrains dient die Anthropologie der Bescheidenheit als Inspirationsquelle. Sie zielt darauf ab, eine Kultur zu schaffen, die andere Arten einschließt. Denn sie beruht auf unserer Verwandtschaft mit ihnen sowie auf der Konnektivität der Arten und ihrer Lebensräume. Das bedeutet uns zu fragen, wie wir leben müssen, damit andere Arten dies ebenfalls tun können. Eine solche Kultur erfordert eine Sensibilität, die sich der nichtmenschlichen Welt öffnet und fordert eine neue Art der Konzeptualisierung, Imagination und Organisation unserer Beziehungen zu ihr. Ein neues Modell von Gemeinschaft berücksichtigt unsere Zugehörigkeit zu dem mit anderen Arten gebildeten Netzwerk, das unsere Evolution, Geschichte und Identität bestimmt. Angemessene Umgangsformen gegenüber nichtmenschlichen Wesen sind solche, die die Konnektivität erhöhen und die Dauerhaftigkeit ökologischer Systeme ermöglichen.

Dabei hilft uns unsere körperliche und psychische Sensibilität für die Dynamiken der äußeren Natur. Die Dimensionen der Plastizität, die wir mit den nichtmenschlichen Wesen teilen, sind vor allem der Rhythmus, die Fähigkeit zur Synchronisation, die Responsivität und die Resonanzfähigkeit. Sie ermöglichen uns eine Kommunikation und Interaktion, die über die Gattungen und Milieus hinausgeht. In diesem Prozess entsteht ein neues kulturelles Ideal: der labile, responsive und aufmerksame Mensch, der in der Lage ist, mit anderen Wesen zu kooperieren und sich mit ihnen zu synchronisieren.

Daher ist die Anthropologie der Bescheidenheit, die eine artenübergreifende Gemeinschaft trägt, in unserem empfindsamen Körper verankert. Wie die anderen Spezies, leben wir am Rande des Abgrunds, und bestimmt von der Zerbrechlichkeit unseres sterblichen Körpers. Der Mensch als Krönung der Schöpfung und Herrscher der natürlichen Welt, den wir derzeit in Frage stellen, weicht nicht der Utopie einer glücklichen Harmonie aller Wesen. Es geht vielmehr darum, zu verstehen, wie der Mensch in einer Umwelt mit anderen Akteuren koexistiert, die er zum Überleben braucht, die ihm jedoch weitgehend fremd bleiben.[1] Menschliches Wissen wurzelt stets in unserer Erfahrung der Welt, die sich von der anderer Spezies maßgeblich unterscheidet. Nichtmenschen können nach unseren Vorstellungen von Wissen weder wirklich repräsentiert noch vollständig verstanden werden.[2] Manchmal müssen wir wohl auch akzeptieren, dass sie vielleicht

1 Vgl. Morton 2016, S. 151: „We live in a universe of finitude and fragility, a world in which objects are suffused with and surrounded by mysterious hermeneutical clouds of unknowing. It means that the politics of coexistence are always contingent, brittle and flawed, so that in the thinking of interdependence at least one being must be missing." („Wir leben in einer Welt der Endlichkeit und Zerbrechlichkeit, einer Welt, in der Objekte von mysteriösen hermeneutischen Wolken der Unwissenheit umgeben sind. Das bedeutet, dass die Politik der Koexistenz immer kontingent, sprunghaft und unklar ist, so dass im Denken der Interdependenz mindestens ein Wesen fehlen muss.")

2 Vgl. Pettman 2017, S. 213: „Contesting for better worlds requires learning to take others seriously in their otherness, finding modes of muddling through that eschew the fantasy of universal translation or a singular criterion – usually 'ours' – of evaluation or verification. It also requires learning new modes of taking account of and with enigmatic others who cannot be – or perhaps do not want to be – represented or even rendered knowable or sensitive within any available mode of understanding." („Im Kampf für eine bessere Welt muss man lernen, Andere in ihrer Andersartigkeit ernst zu nehmen, indem man Wege des Durchwurstelns findet, die das Phantasma universeller Übersetzung oder eines einzigen Kriteriums – normalerweise ‚unseres' – der Bewertung oder Verifizierung meiden. Es erfordert auch, neue Weisen der Berücksichtigung zu erlernen mit jenen rätselhaften Anderen, die in jeder uns verfügbaren Art des Verstehens

gar nicht mit uns interagieren wollen. Es gibt also Grenzen für die Kommunikation und Interaktion zwischen den Arten. Diese Grenzen verhindern jedoch nicht, davon zu lernen, was indigene Kulturen im Umgang mit Nichtmenschen noch weitgehend charakterisiert: die Aufmerksamkeit und Sensibilität gegenüber der Präsenz und den Bedürfnissen derer, mit denen wir die Welt teilen. So erleben wir die Vielfalt der Stimmen einer Natur, die zugleich zum Teil geheimnisvoll bleibt. Die Mythen, Lieder und Rituale vormoderner und indigener Kulturen wussten das nur zu gut. Sie machen die Stimmen der anderen Wesen für Menschen verständlich, ohne deren Andersartigkeit zu verleugnen. Dadurch gestanden sie diesen Wesen einen Subjektstatus zu und räumten ein, dass es verschiedene Formen der Repräsentation gibt. So traten sie mit ihnen in eine Beziehung, die aus Sympathie, Gegenseitigkeit und Mitzugehörigkeit besteht.

Wir stehen noch ganz am Anfang einer Reise in ein unbekanntes Territorium: die Neuerfindung des Menschen im Verhältnis zu anderen Spezies. Allein unsere Verwandtschaft mit ihnen zu akzeptieren, ist für manche nicht ganz einfach. Tieren und Pflanzen eine Rolle im Rampenlicht einer zu gestaltenden Zukunft zuzugestehen, ist für die meisten noch ungewohnt. Aber eine solche Haltung führt aus unserer Einsamkeit als Spezies heraus und eröffnet neue Perspektiven auf das faszinierende Universum voll von intelligentem Leben, das unser Planet bietet.

Eine Anthropologie der Bescheidenheit ist melancholisch und optimistisch zugleich: Auf der einen Seite steht das Bewusstsein dessen, was bereits unwiederbringlich verloren ist und die Verzweiflung angesichts des Ausmaßes der Klimakrise. Andererseits kommt uns eine Eigenschaft zugute, die wir mit allem Leben teilen: die Plastizität, also die Fähigkeit, sich zu verändern, sich anzupassen und kreative Lösungen zu finden. Denn die größten Herausforderungen brachten schon immer kreative Strategien hervor, und das gilt nicht nur für den Menschen. Obwohl es auch Beispiele gibt für Arten, die sich nicht anpassen konnten und ausgestorben sind, bleibt die Evolutionsgeschichte für die meisten Wesen eine Erfolgsgeschichte. Glücklicherweise sind wir, wie sie, weit genug entwickelt, um

---

nicht repräsentiert werden können oder vielleicht nicht repräsentiert oder sogar erkennbar oder erfahrbar gemacht werden wollen.“)

neue Wege zu finden und unsere Handlungsweisen zu ändern. Der Anthropos ist also bestens dafür gerüstet, einen neuen Weg einzuschlagen. Und diese Transformation ist bereits im Gange. Im Übrigen verfügen wir über ein ganzes zusätzliches Arsenal an Überlebenstechniken, wenn wir die Natur als Lehrer akzeptieren. Auf dem Weg zu einer neuen artenübergreifenden Gemeinschaft, die unsere Überzeugungen, unsere Wissenssysteme, unsere Mentalität und unser Weltverständnis auf den Kopf stellt, wird es wahrscheinlich jede Menge Missverständnisse geben. In diesem Prozess erfinden wir uns in Bezug auf andere Wesen neu. Doch dieses Mal wird anstelle der klassischen Nabelschau, die die Frage nach dem Wesen des Menschen meist bestimmte, der Fokus auf andere Arten gelegt, neugierig darauf, wie sie sich in der Welt positionieren und die Probleme des Lebens lösen. Dies wäre eine Kulturrevolution von globaler Dimension.

Bibliographie

Ackermann, Ute: „Paul Dobe als Lehrer am Staatlichen Bauhaus Weimar“, in: Rainer Stamm/Kai Uwe Schierz (Hg.): Die Sprache der Pflanzen. Klassiker der Pflanzenfotografie im frühen 20. Jahrhundert. Ausstellungskatalog. Kunsthalle Erfurt, Erfurt 2000.

Adam, Hans Christian: Karl Blossfeldt 1865-1932. The Complete Published Work, Köln 2014.

Albeck-Ripka, Livia: „Meet Australia's New Sex-Changing Tomato: Solanum Plastisexum“, in: New York Times, 18.06.2019.

Angier, Natalie: „In Africa, Birds and Humans form a unique hunting party“, in: New York Times, 22.07.2016.

Angier, Natalie: „Meet the Other Social Influencers of the Animal Kingdom. Culture, once considered exclusive to humans, turns out to be widespread in nature“, in: New York Times, 07.05.2021.

Ausstellungskatalog des Kunstmuseums Ravensburg: „Ich bin eine Pflanze.“ Naturprozesse in der Kunst, Bielefeld/Berlin 2015.

Ausstellungskatalog Tomás Saraceno: Aria, Palazzo Strocci, Florenz 2020.

Bachelard, Gaston: L'air et les songes. Essai sur l'imagination du mouvement [1943], Paris 1994.

Ball, Philip: Nature's Patterns. A Tapestry in Three Parts. Vol. 3: Shapes, Flow, Branches, Oxford 2009.

Ball, Philip: Patterns in Nature. Why the Natural World looks the way it does, Chicago/London 2016.

Baluška, František/Mancuso, Stefano/Volkmann, Dieter (Hg.): Communication in Plants, Berlin 2006.

Barker, Gillian: Beyond Biofatalism. Human Nature for an Evolving World, New York 2015.

Baxmann, Inge: „Die Moderne und der Traum von der glücklichen Arbeit“, in: dies. et alii (Hg.): Arbeit und Rhythmus. Lebensformen im Wandel, München 2009, S. 15-35.

Benjamin, Walter: „Lehre vom Ähnlichen“, in: ders.: Gesammelte Schriften, Bd. II.1, Frankfurt a.M. 1977a, S. 204-210.

Benjamin, Walter: „Über das mimetische Vermögen“, in: ders.: Gesammelte Schriften, Bd.II.1, Frankfurt a.M. 1977b, S. 210-213.

Benjamin, Walter: „Neues von Blumen“, in: ders.: Gesammelte Schriften, Bd. III, Frankfurt a.M. 1972, S. 151-153.

Beyes, Janine: Biomimicry: Innovation inspired by Nature, New York 2002.

Blossfeldt, Karl: „Vorwort“, in: ders.: Wundergarten der Natur, Berlin 1932, S. 3.

Bony, Éric: „La musique et les plantes“, in: Rhuthmos, 28.07.2015 https://rhuthmos.eu/spip.php?article1568.

Brooks, David: „The Wisdom your Body knows. You are not just thinking with your brain“, in: New York Times, 28.11.2019.

Brosse, Jacques: Mythologies des arbres, Paris 1989.

Casini, Silvia: „Synesthesia, transformation and synthesis: toward a multisensory pedagogy of the image“, in: David Howes (Hg.): Senses and Sensation. Critical and Primary Sources. Vol. 2 History and Sociology, London/Oxford/New York/New Delhi/Sydney 2018, S. 317-333.

Cave, Damien/Gillis, Justin: „Building a better Coral Reef“, in: New York Times, 20.09.2017.

Chamovitz, Daniel: Was Pflanzen wissen. Wie sie sehen, riechen und sich erinnern. München 2013/What a plant knows: A Field Guide to the Senses, New York 2012.

Clark, Nigel: Inhuman Nature. Sociable Life on a Dynamic Planet, Los Angeles/London/New Delhi/Singapur/Washington DC 2011.

Classen, Constance et al.: Aroma, The Cultural History of Smell, London 1994.

Cruz, Marcos/Pike, Steve: „Introduction“, in: Neoplasmatic Design, Sonderheft Architectural Design Vol. 78 No 6, Nov./December 2008, S. 9.

Darwin, Charles: The Power of Movement in Plants, London 1880.

Demandt, Alexander: Über allen Wipfeln. Der Baum in der Kulturgeschichte, Köln/Weimar/Wien 2002.

Desalle, Rob: Our Senses. An immersive experience, New Haven/London 2018.

Descola, Philippe: Par-delà nature et culture, Paris 2005.

De St. Fleur, Nicolas: „500-Million-Year-Old Worm was an Undersea Architect“, in: New York Times, 7. Juli 2016.

Diderot, Denis: „Rêve de D'Alembert“, in: ders.: Œuvres Complètes, Bd. 2, hrsg. v. Jacques Assézat, Paris 1875, S. 182-192.

Dunbar, Robin: The Trouble with Science, London 2016.

Dunn, Rob: A Natural History of the Future. What the Laws of Nature tell us about the Destiny of the Human Species, New York 2021.

Forum for the Future: „Climate Futures“, in: Spiegel Online, 13.10.2008.

Foster, Charles: Being a Beast. Adventures across the Species Divide, London 2016.

Francé, Raoul Heinrich: So musst du leben! Eine Anleitung zum richtigen Leben, Dresden 1929.

Gagliano, Monica: „Seeing Green. The Re-discovery of Plants and Nature's Wisdom“, in: Patricia Vieira/Monica Gagliano/John Ryan (Hg.): The Green Thread. Dialogues with the Vegetal World, Lanham/Boulder/New York/London 2016, S. 19-35.

Gens, Hadrien: Jakob von Uexküll, explorateur des milieux vivants, Paris 2014.

Giaimo, Cara: „It's a dirty job, but someone has to do it and not get eaten“, in: New York Times. Science, 19.09.2019.

Giese, Fritz: Girlkultur. Vergleich zwischen amerikanischem und europäischem Rhythmus- und Lebensgefühl, München 1925.

Gilbreth, Lillian: Frank Bunker Gilbreth, New York 1925.

Godfrey-Smith, Peter: The Octopus, the Sea and the Deep Origins of Consciousness, London 2016.

Granjou, Céline: Umweltveränderungen. The Future of Nature, Oxford 2016.

Greene, Brian: Until the End of Time. Mind, Matter, and Our Search for Meaning in an Evolving Universe, New York 2020.

Hall, Matthew: Plants as Persons. A philosophical botany, New York 2011.

Harari, Yuval Noah: Homo Deus. A Brief History of Tomorrow, London 2017.

Haraway, Donna: Staying with the Trouble. Making Kin in the Chthulucene, Durham/London 2016.

Haskell, David George: Sounds Wild and Broken. Sonic Marvels, Evolution's Creativity, and the Crisis of Sensory Extinction, New York 2022.

Haushofer, Marlen: Die Wand, Berlin 2004.

Heimreich, Stefan: Sounding the Limits of Life, New Jersey 2016.

Hermann, Heiko: Schwarmintelligenz, Berlin 2019.

Hickock, Gregory: „Rhythms of the Brain – It's not a 'Stream of Consciousness'", in: New York Times, 08.05.2015.

Howes, David (Hg.): Senses and Sensation. Critical and Primary Sources. Vol. 2 History and Sociology/Volume 3 Biology, Psychology and Neuroscience, London/Oxford/New York/New Delhi/Sydney 2018.

Hughes, Howard C.: Sensory Exotica: A World beyond Human Experience, Cambridge/Mass. 2001.

Ingold, Tim: The Life of Lines, London 2015.

Ingold, Tim/Palsson, Gisli (Hg.): Biosocial Becomings. Integrating Social and Biological Anthropology, Cambridge/New York 2013.

Itten, Johannes: Utopia. Dokumente der Wirklichkeit, Weimar 1921.

Kelly, Kevin: Out of control: Biology of Machines, London 1994.

Kensinger, Kenneth M.: How Real People Ought to Live: The Cashinahua of Eastern Peru, Prospect Heights 1995.

Klein, Joanna: „You can talk to Plants. Maybe you should listen", in: New York Times, 11.06.2019.

Kohn, Eduardo: How Forests think. Toward an Anthropology beyond the Human, Berkeley/Los Angeles/London 2013.

Lack, H. Walter: Alexander von Humboldt und die botanische Erforschung Amerikas, München/London/New York 2018.

Larmor, Luc: „Interactions sonores : un passage possible. Drones et immersion sonore", in: Bernard Guelton (Hg.): Les figures de l'immersion, Rennes 2014, S. 179-195.

Lefebvre, Henri: La production de l'espace [1985], Paris 2000.

Lévi-Strauss, Claude/Eribon, Didier: De près et de loin, Paris 1988.

Mabey, Richard: The Cabaret of Plants. Botany and the Imagination, London 2015.

Mancuso, Stefano/Viola, Alessandra: Die Intelligenz der Pflanzen, München 2015/Verde brillante. Sensibilità e intelligenza del mondo vegetale, Firenze/Milano 2013.

Marder, Michael: „What's Planted in the Event? On the Secret Life of a Philosophical Concept", in: Patricia Vieira/Monica Gagliano/John Ryan (Hg.): The Green Thread. Dialogues with the Vegetal World. Lanham/Boulder/New York/London 2016, S. 3-17.

Merchant, Carolyn: The Death of Nature. Women, Ecology and the Scientific Revolution, San Francisco 1980.

Moholy-Nagy, László: von material zu architektur (Bauhaus Hefte Nr. 14), München 1929.

Morton, Timothy: Dark Ecology. For a Logic of Future Coexistence, New York 2016.

Murphy, Heather: „What 13.000 Patents involving the DNA of Sea Life tells us about the Future", in: New York Times, 18.09.2018.

Myers, William: Biodesign: Nature, Science, Creativity, London 2012.

Nierendorff, Karl: Einführung zu Karl Blossfeldt: Urformen der Kunst. Fotografische Pflanzenbilder, Berlin 1928.

Nietzsche, Friedrich: „Die Geburt der Tragödie aus dem Geiste der Musik", in: ders.: Sämtliche Werke: Kritische Studienausgabe in 15 Bänden, hrsg. v. Giorgio Colli und Mazzino Montinari, 3. Abtlg. 1. Band, Berlin/New York 1972, S. 38-48.

Nietzsche, Friedrich: „Götzen-Dämmerung, Streifzüge eines Unzeitgemässen", in: ders.: Sämtliche Werke: Kritische Studienausgabe in 15 Bänden, hrsg. v. Giorgio Colli und Mazzino Montinari, 6. Abtlg. 3. Band, Berlin/New York 1969, S. 49-160.

Pettman, Dominic: Sonic Intimacy: Voice, Species, Technics or, How to Listen to the World, Stanford 2017.

Pollan, Michael: The Botany of Desire. A Plant's -Eye View of the World, New York 2001.

Prum, Richard O.: The Evolution of Beauty, How Darwin's forgotten Theory of Mate Choice shapes the Animal World, New York 2017.

Quammen, David: The tangled Tree. A radical new History of Life, New York 2018.

Russel, James S.: „Glimpsing our Post-Consumption Future at the Cooper Hewitt", New York Times, 25. Juli 2019.

Rutherford, Adam: Humanimal. How Homo sapiens became Nature's most paradoxal creature. A new evolutionary history, New York 2018.

Schafer, R. Murray: Die Ordnung der Klänge. Eine Kulturgeschichte des Hörens, Berlin 2010/The Tuning of the World, New York 1977.

Schwarz, Rudolf: Wegweisung der Technik. Erster Teil, mit Bildern nach Aufnahmen von Albert Renger-Patzsch, Potsdam 1928.

Sheldrake, Merlin: Entangled Life. How Fungi make our Worlds, change our minds and shape our Futures, London 2020.

Simondon, Gilbert: Du mode d'existence des objets techniques, Paris 1969.

Sloterdijk, Peter: Schäume, Bd. III („Sphären". Sphären. Plurale Sphärologie), Frankfurt a.M. 2004.

Stengers, Isabelle: Au temps des catastrophes. Résister à la barbarie qui vient, Paris 2009.

Stern, Lisbeth: „Bewegungskunst/Film (1926)", in: Christian Kiening/ Heinrich Adolf (Hg.): Der absolute Film. Dokumente der Medienavantgarde (1912-1936), Zürich 2012, S. 163-169.

Sterne, Jonathan: The audible past. Cultural origins of sound reproduction, Durham/London 2003.

Tazzi, Fausto/De Rossi, Cinzia: Biomimicry in Organizations, Paris 2016.

Thomas, Chris D.: Inheritors of the Earth. How Nature is Thriving in an Age of Extinction, London 2018.

Trewavas, Anthony: „Mindless Mastery", in: Nature 415, 2002, S. 841.

Trewavas, Anthony: Plant Behaviour and Intelligence, Oxford 2014.

Tucker, Patrick: The Naked Future: What Happens in a World That Anticipates Your Every Move?, New York 2015.

Van de Waal, Erica/Borgeaud, Christèle/Whiten, Andrew: „Mimicry as Cultural Information", in: Science, Vol. 340, Issue 6131, April 2013, S. 483-485.

Vieira, Patricia/Gagliano, Monica/Ryan, John (Hg.): The Green Thread. Dialogues with the Vegetal World, Lanham/Boulder/New York/ London 2016.

Von Uexküll, Jakob: Bausteine zu einer biologischen Weltanschauung. Gesammelte Aufsätze, München 1913.

Von Uexküll, Jakob: Die Lebenslehre, Potsdam/Zürich 1930.

Von Uexküll, Jakob: Der Sinn des Lebens, Godesberg 1947.

Williams, Roy/Gumtau, Simone/Mackness, Jenny: „Synesthesia: From Cross-Modal to Modality-Free-Learning and Knowledge“, in: Leonardo 48 (1), 2015, S. 48-54.

Wohlleben, Peter: Das geheime Leben der Bäume: Was sie fühlen, wie sie kommunizieren. Die Entdeckung einer verborgenen Welt, München 2015.

Worthington Jr., Everett L./Davis, Don E./Hook, Joshua N. (Hg.): Handbook of Humility. Theory, Research and Applications, New York/London 2017.

Zimmer, Carl: „Cuttlefish Arms are not so different from Yours“, in: New York Times (Matter), 18.06.2019a.

Zimmer, Carl: „Nature’s Power Grid: We have an Electric Planet“, in: New York Times, 01.07.2019b.

Romania Viva
Texte und Studien zu Literatur,
Film und Fernsehen der Romania

Herausgegeben von Uta Felten, A. Francisco Zurian Hernández, Anna-Sophia Buck und Ulrich Prill †

Die Bände 1-10 sind im Martin Meidenbauer Verlag erschienen und können über den Verlag Peter Lang, Internationaler Verlag der Wissenschaften, bezogen werden: www.peterlang.com.

Ab Band 11 erscheint diese Reihe im Verlag Peter Lang, Internationaler Verlag der Wissenschaften, Frankfurt am Main.

Band 11 Isabel Maurer Queipo (ed.): Socio-critical Aspects in Latin American Cinema(s). Themes – Countries – Directors – Reviews. 2012.

Band 12 Kathrina Reschka: Zwischen Stille und Stimme. Zur Figur der Schweigsamen bei Madeleine Bourdouxhe, Marguerite Yourcenar, Marguerite Duras, Clarice Lispector, Emmanuèle Bernheim und in den Verfilmungen der Romane. 2012.

Band 13 Uta Felten / Kristin Mlynek-Theil / Franziska Andraschik (Hrsg.): Pasolini intermedial. 2013.

Band 14 Christian van Treeck: La réception de Michel Houellebecq dans les pays germanophones. 2014.

Band 15 Uta Felten / Nicoleta Bazgan / Kristin Mlynek-Theil / Kerstin Küchler (Hrsg./éds.): Intermedialität und Revolution der Medien / Intermédialité et révolution des médias. Positionen – Revisionen / Positions et révisions. 2015.

Band 16 Isabel Maurer Queipo / Tanja Schwan (Hrsg./eds.): Pathos – zwischen Passion und Phobie / Pathos – entre pasión y fobia. Schmerz und Schrecken in den romanischen Literaturen seit dem 19. Jahrhundert / Dolor y espanto en las literaturas románicas a partir del siglo XIX. 2015.

Band 17 Lina Barrero: La mirada intelectual en cuatro documentales de Luis Ospina. Un discurso intermedial del audiovisual latinoamericano. 2017.

Band 18 Hans Felten: Im Garten der Texte. Vorträge und Aufsätze zur italienischen Literatur. Herausgegeben von Franziska Andraschik. 2016.

Band 19 Wolfgang Bongers: Interferencias del archivo: Cortes estéticos y políticos en cine y literatura. Argentina y Chile. 2016.

Band 20 Anne Effmert: *Les queues de siècle se ressemblent:* Paradoxe Rhetorik als Subversionsstrategie in französischen Romanen des ausgehenden 19. und 20. Jahrhunderts. 2016.

Band 21 Kathrin Hahne: *Bande dessinée* als Experiment. Dekonstruktion als Kompositionsprinzip bei Marc-Antoine Mathieu. 2016.

Band 22 Uta Felten / Kristin Mlynek-Theil / Kerstin Küchler (Hrsg.): Proust und der Krieg. Die wiedergefundene Zeit von 1914. 2016.

Band 23 Marta Chiarinotti: Anderssein vs. Konformismus. Die literarische Aufarbeitung des Faschismus in italienischen und deutschen Romanen der 1950er Jahre. 2016.

Band 24 Franziska Andraschik: „La nostalgia del sacro" – Die Poetik von Pier Paolo Pasolini im Spannungsfeld von Heiligem und Profanem. 2017.

Band 25 Kristin Mlynek-Theil: Von der Linie zum Körper. Das Rauschen der Medien in Prousts *À la recherche du temps perdu*. 2017.

Band 26 Hans Felten (Hrsg.): Ficción y Metaficción. De Cervantes a Cercas. Conferencias y Ensayos sobre Literatura Española. Editado por Anna-Sophia Buck y Ben Scheffler. 2018.

Band 27 Maximilian Gröne / Florian Henke (Hrsg.): Biographies médiatisées – Mediatisierte Lebensgeschichten. Medien, Genres, Formate und die Grenzen zwischen Identität, Biografie und Fiktionalisierung. 2019.

Band 28 Lena Seauve / Vanessa de Senarclens (Hrsg.): Grenzen des Zumutbaren – Aux frontières du tolérable. 2019.

Band 29 Robert Fajen (Hrsg.): Serialität in der italienischen Kultur / Serialità nella cultura italiana. 2019.

Band 30 Paola Villani: Romantic Naples. Literary Images from Italian and European Travellers in the Early Nineteenth Century. 2020.

Band 31 Band 31 Immanuel Seyferth: Zwischen Dokumentation und Fiktion. Die Kongoreise von André Gide und Marc Allégret. 2020.

Band 32 Uta Felten / Tanja Schwan / Giulia Colaizzi / Francisco A. Zurian (eds.): Coding Gender in Romance Cultures. 2020.

Band 33 Anne-Marie Lachmund: Proust, Pop und Gender. Strategien und Praktiken populärer Medienkulturen bei Marcel Proust. 2020.

Band 34 Salvador Luis Raggio: Sobre lo mutante. El cuerpo variable contemporáneo y la relativización de la figura del monstruo en la ficción occidental y panhispánica. 2020.

Band 35 Javier García León: Espectáculo, normalización y representaciones otras. Las personas transgénero en la prensa y el cine de Colombia y Venezuela. 2021.

Band 36 Annette Scholz / Marta Álvarez / Mar Binimelis Adell / Elena Ortega Oroz: Entrevistas con creadoras del cine español contemporáneo. Millones de cosas por hacer. 2021.

Band 37 Isabel Maurer Queipo: „Dunkle Kontinente" und onirische Schreibweisen. Bausteine für eine alternative Genealogie der Traumliteratur von Nodier bis Cixous. 2021.

Band 38 Patricia Cifre-Wibrow: Giro cultural de la memoria. La Guerra Civil a través de sus patrones narrativos. 2022.

Band 39 Yasmin Temelli / Hans Bouchard (eds.): Narratives of Money & Crime. Neoliberalism in Film, Literature and Popular Culture. 2022.

Band 40 Carles Cortés Orts (ed.): Images of Otherness. 2022.

Band 41 Emilio Ramón García: La Ficción Criminal de Dolores Redondo. La Criminología Forense y lo Sobrenatural. 2022.

Band 42 Uta Felten: Proust lesen: eine Werkzeugkiste. 2022.

Band 43 Ángeles Mateo del Pino (ed.): La mujer como sujeto: identidad y subjetividad. 2022.

Band 44 Christian Rivoletti / Julia Brühne / Christiane Conrad von Heydendorff / Giulia Fanfani (a cura di / Hrsg.): Forme ibride e intrecci intermediali / Hybridisierung der Formen und intermediale Verflechtungen.Da Giotto e Dante alla narrativa e alla docufiction contemporanee / Von Giotto und Dante bis zur Gegenwartsnarrativik und Doku-Fiktion. 2022.

Band 45 Inge Baxmann: Anthropologie der Bescheidenheit. Wie digitale Medien unser Verhältnis zur Natur verändern. 2022.

www.peterlang.com

Printed by
CPI books GmbH, Leck